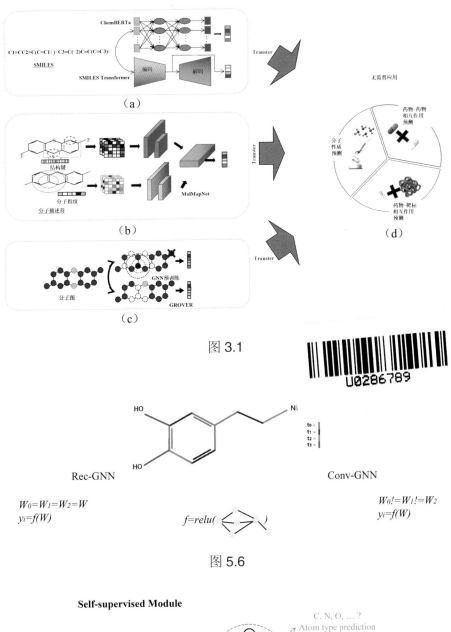

图 3.1

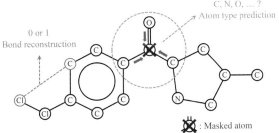

图 5.6

Self-supervised Module

图 5.8

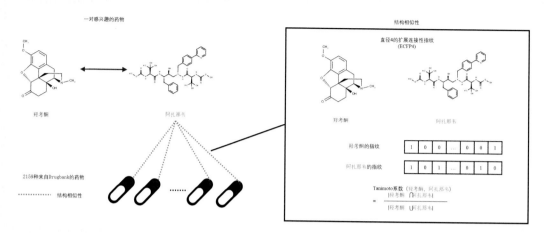

图 8.2

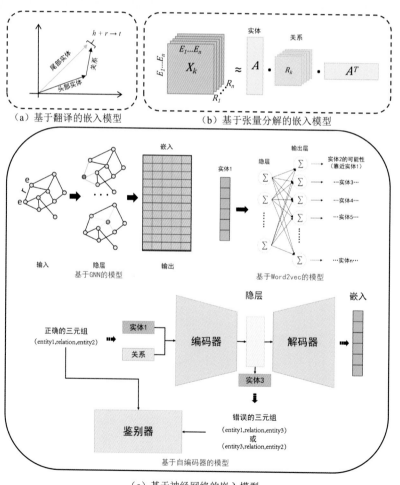

（a）基于翻译的嵌入模型　　　（b）基于张量分解的嵌入模型

（c）基于神经网络的嵌入模型

图 9.2

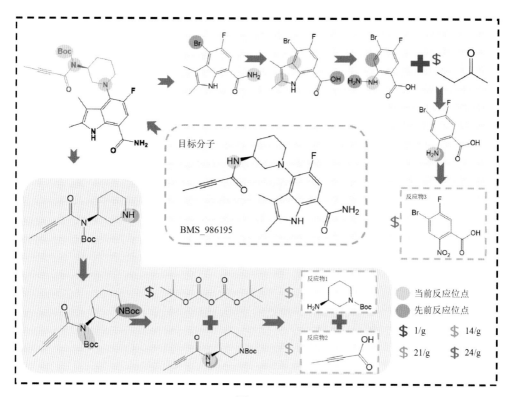

图 10.1

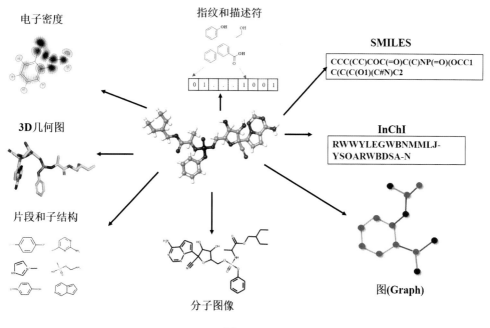

图 10.2

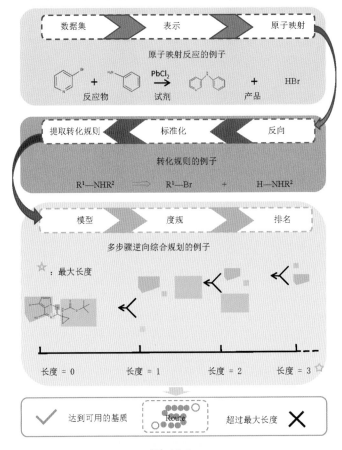

图 10.3

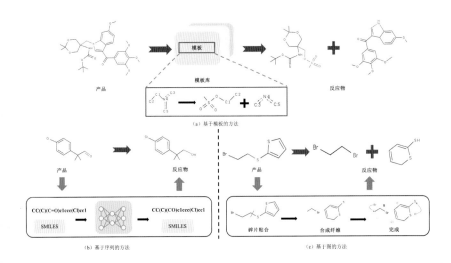

图 10.5

智能药物研发

——新药研发中的人工智能

宋　弢　曾湘祥　王　爽　王建民　编著

清华大学出版社

北京

内 容 简 介

每一款新药的成功上市都需要经历多个阶段，且研发成本高、周期长。随着人工智能的兴起，新药研发得以创新。本书围绕生物化学分子，介绍了新药研发过程中各阶段的人工智能技术，主要内容包括人工智能在生物分子的化学表征方法、基于分子表征的无监督预训练方法、分子性质预测、智能分子生成、药物-靶标相互作用预测、药物-药物相互作用预测、生物医药知识图谱应用、分子逆合成设计及生物医学命名实体识别等方面的应用。本书阐述了人工智能技术为新药研发带来的革命性变化，极大节省了人力、物力、时间和资源成本，适合以计算机、生物、化学等为主要专业的学生、老师以及研究学者使用，为其未来专业深造提供交叉学科的相关知识。

图书在版编目（CIP）数据

智能药物研发：新药研发中的人工智能 / 宋弢等编著. 一北京：清华大学出版社，2022.9（2023.11重印）
ISBN 978-7-302-61838-6

Ⅰ. ①智… Ⅱ. ①宋… Ⅲ. ①智能技术－应用－药物－研制－研究 Ⅳ. ①TQ46-39

中国版本图书馆 CIP 数据核字（2022）第 172498 号

责任编辑：邓　艳
封面设计：刘　超
版式设计：文森时代
责任校对：马军令
责任印制：丛怀宇

出版发行：清华大学出版社
　　　　　网　　　址：http://www.tup.com.cn，http://www.wqbook.com
　　　　　地　　　址：北京清华大学学研大厦 A 座　　　　　邮　　编：100084
　　　　　社 总 机：010-83470000　　　　　邮　　购：010-62786544
　　　　　投稿与读者服务：010-62776969，c-service@tup.tsinghua.edu.cn
　　　　　质量反馈：010-62772015，zhiliang@tup.tsinghua.edu.cn
印 装 者：三河市君旺印务有限公司
经　　销：全国新华书店
开　　本：185mm×260mm　　**印　　张**：9.25　　**插　　页**：2　　**字　　数**：224 千字
版　　次：2022 年 11 月第 1 版　　**印　　次**：2023 年 11 月第 3 次印刷
定　　价：99.00 元

产品编号：095905-01

前　　言

新药研发是一个周期长、耗费高的过程，大部分药物成功上市需要 10～15 年。新药研发中许多化学生物实测技术在所谓的"wet实验室"中开展，而计算方法的开发和应用有助于加速药物发现，因其不在生物体内或体外开展实验，通常被称为"in silico"。计算方法已经广泛应用了几十年，随着人工智能的兴起，特别是机器学习和深度学习技术的成熟，新药研发有了创新，基于人工智能的新药研发不仅有效缩短了药物发现的时间，而且诞生了全新的智能药物。

本书介绍了应用于新药研发领域的先进人工智能技术，涵盖了新药研发的多个阶段，总结了人工智能技术在不同阶段常用的数据集和对应的深度学习技术的发展情况。

本书第 1～2 章介绍了新药研发的主要过程和用到的主流的人工智能技术的类型。将人工智能技术应用到药物研发是一项多学科交叉的工作，首要挑战是用计算机语言描述和表达具有化学意义的分子结构。第 3 章介绍了与药物研发相关的化学分子的多种描述符，阐述了这些具有化学意义的分子是如何转换为计算机语言进行存储计算的。在本书的多个章节中，以分子的计算机描述符作为分类标准，介绍了基于多种描述符发展的人工智能技术。第 4 章描述了在人工智能技术中，关于分子的不同种类的计算机描述符是如何进行无监督预训练学习的。

新药发现中只有符合特定理化性质的化合物分子才能成为候选化合物，而分子结构决定分子性质，本书第 5 章介绍了分子性质预测模型。根据分子结构进行预测也称为基于配体的预测，最初是使用数学模型预测某些分子性质。近几十年，这一过程转向使用大规模数据源和分子描述符库，利用更现代的机器学习算法自动生成预测模型。

药物发现本身就是一个多目标或多参数的挑战，被批准的药物必须满足在预定剂量下的安全性和有效性的要求，药物设计面临的重大挑战之一是新的分子结构的生成——如何设计分子才能满足所考虑的疾病领域确定的各种重要约束条件。本书第 6 章介绍了人工智能技术在智能分子生成领域的发展，常用的深度学习模型包括变分自编码器、生成对抗网络和循环神经网络等，模型通过对现有的大量分子数据结构的学习，生成全新的、满足要求的智能分子。

药物在生物体内的目标是与靶标蛋白结合，药物-靶标相互作用在药物发现过程中起着至关重要的作用，主要目标是为特定靶标寻找合适的新配体。本书第 7 章介绍了人工智能技术在药物-靶标相互作用预测中的应用，包括药物分子与靶标的表征方法以及基于机器学习和深度学习的预测模型。在药物的实际应用过程中，由于服药个体的差异性和疾病类型的复杂性，病人同时或在一定时间内服用两种或两种以上药物，可使药效加强或副作用减轻，也可使药效减弱或出现不应有的毒副作用。本书第 8 章介绍了基于深度学习的药物-药物相互作用预测，包括基于相似性、图神经网络和知识图谱的方法。知识图谱在其他方面也有较多的应用,药物研发依赖较多的医药和化学知识,为知识图谱在新药研发中的应用提供了基础。本书的第 9 章详细介绍了基于知识图谱的常用模型和应用。

合成有机化学中重大的挑战之一是新化学分子合成路线的设计和规划,药物化学和药物发现中更是如此。给定一个目标分子,什么样的一系列反应和条件可以被优化,以使材料、产物、成本和时间最合理化,从而在实验室中产生预期目标结果。逆向合成规划从所需的产品开始向前工作,以决定哪些步骤应该构成合成的一部分。本书的第 10 章介绍了人工智能技术在分子逆合成设计中的应用。这些新方法利用大量数据资源构建人工智能模型,能够快速准确的预测已被证明具有人类专家竞争力的合成路线选择。新药研发是一项系统性的多学科融合的工作,现如今 PubMed 已收录 3000 万篇生物医学文献,从庞大的文献资源中挖掘相关数据是非常有价值的事情。本书的第 11 章介绍了基于深度学习的生物医学命名实体识别方法,这是关系实体特征提取和知识图谱构建的基础。

人工智能技术在新药研发中的广泛应用有效提升了新药研发的速度和效率,我们期望随着技术的不断进步和成熟,产出更多智能药物分子,推动整个行业的进步和发展,使更多疾病得以治愈。

在此,感谢中国石油大学(华东)的李雪、韩佩甫、代欢欢、王干、张旭东、张莹、高畅楠、焦麟钫、任咏琪、王璐璐对本书审校工作的贡献。感谢清华大学出版社邓艳编辑在本书出版审校方面的支持和帮助。

人工智能技术发展迅猛,作者对许多问题并未做深入研究,加上作者知识水平和实践经验有限,书中难免存在不足,敬请读者批评指正。关于本书内容,如果您有更多的宝贵意见,可关注深度奇点和 DrugAI 微信公众号与我们进行互动交流,期待能够得到您的真挚反馈,在技术道路上互勉共进。

编者

目　　录

第 1 章 绪 论

1.1 新药研发概述

新药研发是人类进步的重要标志之一，也是制药产业永恒不变的主题，更是医药企业生存和发展的基石。随着科学技术的发展和生活水平的提高，人们对药物的要求也越来越高。作为发展中大国，中国要想跻身世界发达国家行列，必须重视创新药物的发现和开发。然而，目前中国创新药物的研发能力和水平与欧美发达国家相比还有较大的差距，亟须迎头赶上。一直以来，新药研发都具有研究周期长、投入大等显著特点，导致国内制药行业承受着巨大的压力和风险。但近年来，国家对医药行业的发展提供了大力的支持，中国的医药研究正由仿创结合走向自主创新。

新药研发是一项复杂的系统工程，需要研究者具备多学科、宽领域的复合知识体系。为了提高新药研发效率，降低研发风险，研发人员必须全面了解新药研发的流程（见图 1.1），以及从靶标确证、先导化合物的发现、先导物的优化、药代动力学研究、药效学研究、早期毒理学研究、临床前研究、临床试验设计、生物标志物及转化医学，到临床试验、商业开发，再到专利保护、药企运作等一系列现代药物研发全流程的基本原理与策略，从而更好、更快地开展新药研发。新药研发不仅需要遵从普遍的科学规律，还需要遵守国家有关政策法规。

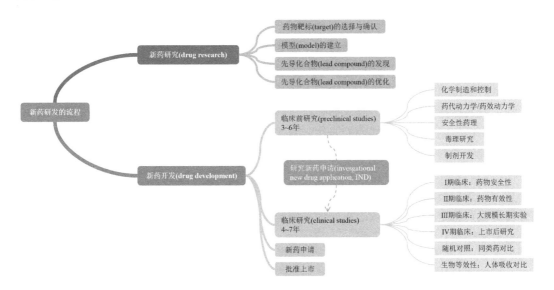

图 1.1 新药研发的流程

新药研究和开发过程的复杂性不容小觑,成功开发一个全新的上市新药需要涉猎广泛的专业知识。要想在这个日新月异的环境中有所建树,新药研发从业人员不仅要成为自己研究领域的专家,还必须了解大量相关专业和交叉学科的专业知识。单独来看,没有任何一个单一的环节可以研发出临床新药,而作为一个有机整体,整个研发过程的成效超过了各个环节的简单加合。如何将这些工作最高效地整合在一起是制药行业过去几十年面临的主要问题之一。一个组织架构若能使其各个环节之间相互协作和沟通,将对新药推向市场的整体成本和时间节点产生极其重大的影响。

新药研发分为两个阶段:研究和开发。这两个阶段是相继发生又互相联系的。区分两个阶段的标志是候选药物的确定,即在确定候选药物之前为研究阶段,确定候选药物之后为开发阶段。所谓候选药物,是指拟进行系统的临床前试验并进入临床研究的活性化合物。

1.2　新药研究阶段

新药研究阶段包括 4 个重要环节,即靶标的选择与确认、模型的建立、先导化合物的发现和先导化合物的优化。

1.2.1　靶标的选择与确证

药物靶标包括酶、受体和离子通道等。在基础研究中,科学家努力寻找特定疾病中发生作用的基因、蛋白和细胞,以及针对特定生物过程和功能的化学或生物物质,希望能够发现其具有类似作用的药物。保守估计,目前所有的药物治疗大概只覆盖了约 700 个药物靶标,至少有近 10 倍的药物靶标未被发现。

目前,较为新兴的确认靶标的技术主要有两个。一是利用基因重组技术建立转基因动物模型或进行基因敲除,以验证与特定代谢途径相关或表型的靶标。这种技术的缺陷在于,不能完全消除由敲除所带来的其他效应(例如因代偿机制的启动而导致的表型的改变等)。二是利用反义寡核苷酸技术,通过抑制特定的信使 RNA 对蛋白质的翻译来确认新的靶标。例如嵌入小核核糖核酸控制基因的表达,对确认靶标有重要作用。通俗来说,药物靶标的发现是基础科学的范畴,有必然性,但也许偶然性会更大。新药研发靶标的确证,需要做的是在已知的靶标中挑选合适的靶标,这个阶段也称为靶标发现和靶标选择。靶标可以是单个基因、蛋白质或与许多不同疾病相关的蛋白质相互作用的通路。科学家通过各种方法来分离和识别特定的靶标,从而更好地理解靶标的功能以及其与疾病的关系,然后设计或发现出与靶标相互作用的化合物。

1.2.2　模型的建立

靶标确定以后,要建立生物学模型,以筛选和评价化合物的活性。通常要制定出筛选标准，如果化合物符合这些标准，则研究项目继续进行；若未达到标准，则应尽早结束研究。一般试验模型标准包括化合物体外试验的活性强度、动物模型是否能反映人体相应的疾病状态、药物的剂量（浓度）-效应关系等。具有可定量重复的体外模型是评价化合物活性的前提。近几年来，为了规避药物开发的后期风险，一般同时进行药物的药代动力模型评价（ADME 评价）、药物稳定性试验等。

1.2.3　先导化合物的发现

新药研究的 3 阶段是先导化合物（lead compound）的发现。所谓先导化合物，也称新化学实体（new chemical entity，NCE），是指通过各种途径和方法得到的具有某种生物活性或药理活性的化合物。因为目前的理论和技术还不足以支持以足够的受体机制指导药物设计，以使药物的设计不必使用预先已知的模型，所以先导化合物的发现，一方面有赖于以上两个阶段所确定的受体和模型，另一方面也成为整个药物研发的关键步骤。一般来说，先导化合物来自对天然活性物质的挖掘、对现有药物不良作用的改进以及对药物合成中间体的筛选等。目前，主要有两个获得新先导化合物的途径：一是广泛筛选，这种毫无依据的方法在实际操作中其实是比较有效的；二是先导化合物的合理设计，它在近年来成为获得先导化合物的热点。所谓合理设计，是指根据已知的受体（或受体未知但有一系列配体的构效关系数据）进行有针对性地先导化合物设计，这种方法有别于广泛筛选的显著特点，在于其目的性强，有利于各种构效理论的进一步发展，因此前途十分广阔。

先导化合物的广泛筛选离不开高通量筛选。高通量筛选是指以分子水平和细胞水平的实验方法为基础，以微板形式作为实验工具载体，以自动化操作系统执行实验过程，以灵敏快速的检测仪器采集实验结果数据，以计算机分析处理实验数据，在同一时间检测数以千万计的样品，并以得到的相应数据库支持运转的技术体系，具有微量、快速、灵敏和准确等特点。简言之，就是可以通过一次实验获得大量的信息，并从中找到有价值的信息。

新分子合成出来后，需要对其做各种生物活性、药代动力学和毒理研究，以寻找需要的候选药物分子。毒性研究对象包括两类：急性毒性和长期毒性。急性毒性是指机体（动物）一次性或短时间（24 小时）内多次接触外源性化合物后短期内所产生的毒性效应。长期毒性是指机体长期连续或反复接触外源性化合物后所产生的毒性效应。长期毒性试验时间一般包括一周或两周，更长时间包括 4 周、8 周，甚至数年。早期安全性评价只做一周或两周的动物试验。长期毒性试验通过剂量爬坡获得动物对该药物的最大耐受剂量（maximum tolerated dose，MTD）。毒性试验主要观察给药后动物的体重、摄食摄水量、症状、血液生化、肝活性、尿液等指标以及在动物出现死亡时进行组织病理切片。药物化学家根据早期安全性评价的结果，确定是否进一步优化先导化合物。

1.2.4　先导化合物的优化

先导化合物的优化阶段，生物学家、药物化学家和药理学家一起努力使先导化合物更安全、更有效，这是基于各步骤知识积累和反复试验探索的过程。通常对一个或多个先导化合物（即所谓的类似物）进行合成、筛选和安全评价。先导化合物及其类似物的测试结果是与化合物结构变化相关的生物活性和药理数据，这些数据用于建立结构-活性关系（structure activity relationship，SAR）。新类似物将反馈到系统的下一个优化步骤中，最终得到优化的先导化合物进入临床前研究。进入临床前研究的化合物称为临床前候选化合物。

1.3　新药开发阶段

新药开发阶段如图 1.2 所示，包括临床前研究、临床研究、新药申请和批准上市 4 个环节。

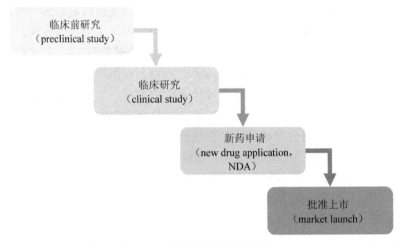

图 1.2　新药开发阶段示意图

1.3.1　临床前研究

临床前研究涉及化学、制造和控制（chemical, manufacture and control），药剂学（pharmaceutics），药理学（pharmacology），药效动力学（pharmacodynamics），药代动力学（pharmacokinetics），毒理学（toxicology），急性毒性试验（acute toxicity testing），重复给药毒性试验（repeat dose toxicity testing），长期毒性试验（long term toxicity testing），致癌性试验（carcinogenicity toxicity testing），生殖毒性和致畸作用（reproductive toxicity and teratogenesis），基因毒性/致突变性试验（genotoxicity/mutagenicity testing），毒物代谢动力学（toxicokinetics）等，每一项内容都需要投入大量的时间和金钱。

临床前研究是由制药公司进行的实验室和动物研究，以观察化合物针对目标疾病的生物活性，同时对化合物进行安全性评估。这些研究大概需要 3.5 年。在临床前研究完成后，制药公司要向食品药品监督管理局（food and drug administration，FDA）提请一份新药研究申请（investigational new drug application，IND），获得批准之后才能进行药物的人体临床试验。如果 30 天内 FDA 没有发出不予批准的申明，此 IND 即为有效。提出的 IND 需包括以下内容：先期的试验结果，后续研究的方式、地点以及研究对象，化合物的化学结构，在体内的作用机制，动物研究中发现的任何毒副作用以及化合物的生产工艺。另外，IND必须得到制度审核部门（institutional review board，IRB）的审核和批准。同时，后续的临床研究需至少每年向 FDA 提交一份进展报告并得到准许。然后就是临床试验以及上市后的安全性监督研究。

1.3.2 临床研究

临床研究一般包括 6 个阶段，即首次试用于人类（健康受试者）的 I 期临床试验、试用于少数患者的 II 期临床试验、有上千名患者参加的 III 期扩大临床试验、上市后进行实用验证的 IV 期临床试验、随机对照临床试验以及生物等效性试验，其中 I～III 期临床试验为新药上市前必经阶段，IV 期临床试验为药品上市后的监督性研究。

新药临床试验的分期及基本目的如表 1.1 所示。

表 1.1 临床试验的分期及其目的

临床试验的分期	试 验 目 的
I 期临床试验	观测对受试者的安全性、毒性和药代动力学，确定最大耐受剂量，为制定给药方案提供依据
II 期临床试验	对新药的有效性和安全性做出初步评价，并为设计 III 期临床试验和确定给药剂量方案提供依据
III 期临床试验	治疗作用的确证阶段，确定不同患者人群的剂量方案，观测较不常见或迟发的不良反应
IV 期临床试验	上市后的研究，考察药品的疗效和罕见的不良反应；评价受益-风险比；改进给药剂量；发现新的适应证
随机对照临床试验	通过与国内已上市的同类药物进行疗效和安全性比较，以进一步验证所研发药物在中国人群中的有效性和安全性
生物等效性试验	比较同一种药物的相同或不同的制剂在相同试验条件下，在人体内吸收程度和速度的差异

- I 期临床试验：一般试验组为 20～30 例，有时会到 100 例。
- II 期临床试验：多中心临床试验，一般试验组不少于 100 例。
- III 期临床试验：更大规模的多中心临床试验，要求试验组不少于 300 例。
- IV 期临床试验：药物上市后的检测试验，试验组不少于 2000 例。
- 随机对照临床试验：多中心临床试验，一般不少于 100 例。如为多个适应证，则每个主要适应证的病例数不得少于 60 例。
- 生物等效性试验（BE 试验）：一般为 18～24 例。根据药物的特性，可适当调整样本量的大小（变异越大的药物所需的病例数越多，目前国外最多有做到 100 多例的 BE 试验）。

1.3.3　新药申请

通过临床试验，公司将分析所有的试验数据。如果数据能够成功证明药物的安全性和有效性，公司将向 FDA 提出新药申请（new drug application，NDA）。新药申请必须包括公司所掌握的一切相关科学信息。典型的新药申请文件有 10 万页甚至更多。根据法律，FDA 审核一份 NDA 的时限应该为 6 个月，但是几乎所有案例中的新药申请从首次提交到最终获得 FDA 批准都超过了这个时限。

1.3.4　批准上市

一旦 FDA 批准新药申请，该药物即可正式上市销售，供医生和病人选择。但是公司还必须定期向 FDA 呈交有关资料，包括该药物的副作用和质量管理记录。对于一些药物，FDA 还会要求做第IV期临床试验，以观测其长期副作用。

1.4　药物研发中的药物信息学

药物信息学①是应用人类基因组计划产生的大量数据和全球分子生物学研究的结果，探讨发现药物的新靶点和新方法，促进药物研究过程的交叉学科，涉及生物信息学、化学信息学、计算机化学、数据挖掘、机器学习等多领域学科，并包括药物代谢动力学性质和毒性预测、高内涵筛选及代谢模型等综合信息在新药发现和发展中的整合、分析和应用。药物信息学对于加快新药发现、缩短新药的研发周期起着非常重要的作用。

药物研究花费昂贵而且过程漫长，一个新药从发现到临床应用大约需要 10 年，花费 5 亿～10 亿美元。特别是在药物发现的过程中，需要消耗的时间更长，费用更高，直接制约着新药研究的速度。将药物信息学引入新药研究中，可以极大地加快新药研究进程，缩短研究周期，降低研究费用。从药物研究的全过程来看，几乎每一个环节都与药物信息学有着密切的关系。例如，新药发现、药物的临床前研究和临床研究都可以通过药物信息学的技术方法，深入全面地认识药物的作用机制，解释药物的作用，评价药物的效果，确定药物的应用前景。

药物靶标发现技术的主要方式是进行药物合计和筛选，其主要围绕药物作用靶标进行，药物研究的主要瓶颈就在于药物靶标的发现，目前全世界治疗药物的作用生物靶标分子大约有 700 个。发现新的药物靶标已成为新药发现或药物筛选的主要任务之一。药物作用靶标是具有重要生理或者病理功能，能够与药物相结合并产生药理作用的生物大分子及其特定的结构位点。

海量化合物虚拟筛选技术在进行药物靶点研究的同时，将生物信息学技术和计算机辅

---

① 钟武，肖军海，赵饮虹，等. 药物信息学在新药发现中的应用和研究进展[J]. 中国医药生物技术，2010, 5(4): 1-241.

助筛选相结合，开辟了新的药物发现途径。在生物信息学研究基础上，利用获得的蛋白质结构和功能信息，采用以多样性分析为基础的虚拟库技术和以模式识别为基础的计算机虚拟筛选技术直接进行药物筛选，可显著提高药物筛选速度。

利用药物信息学整合高效合成技术，化合物数目不足是制约先导化合物发现与优化的主要瓶颈之一。目前主要通过结合以多样性分析为基础的虚拟库技术和以模式识别为基础的虚拟筛选技术针对不同的靶标筛选命中化合物，然后经过合成得到实体分子，再进行生物评价以确定筛选的准确性。在整个过程中，化合物的合成效率制约着新药发现的速度，需要利用已有药物合成库提供综合的合成分析，建立高效的合成技术。

经过先导化合物的筛选与优化得到的药物候选分子，其最终能成功上市的概率仍不足十分之一。失败的主要原因是其药代动力学性质不好，如生物利用度低、口服吸收不好、不易代谢、毒性过大等。如果在先导化合物发现与优化阶段便考虑上述因素，将会大大降低药物候选分子上市失败的风险，进而提高新药研发的成功率。

新药研发创新技术平台对新药研发的整个过程具有推动作用。创新技术平台是在已建立的基础信息技术的传统线性新药研发模式的基础上，为增强各项研究分阶段之间的有效联系，降低耗时，提高研究效率，建立同步进程产生的研究策略。通过创新技术平台来综合评价药物分子各方面性质，整合各方面信息，指导新药设计和开发，从而建立一个可行的、提高药物研发效率的新药创制模式。

药物信息技术的发展给新药发现带来了革命性的变革，其成果不仅对相关基础科学有巨大的推动作用，而且对健康医疗、生物医药等产业领域产生了巨大影响，也为全球的经济发展提供了强大的动力。健康医疗产业在发达国家已发展成为支柱产业，生物医药产业是高技术产业发展的制高点，已被世界各国列为高科技的朝阳产业，是推动国家经济增长、优化产业结构的重要领域。提高研发效率、缩短研发周期、减少研发费用、降低研发风险一直是新药研发人员追求的目标。而实现这一目标必须突破三大瓶颈，即与疾病相关的靶标生物分子数目相对不足、先导化合物的发现与优化效率低下、候选药物分子药代动力学性质及毒性不可预测，这些制约了新药创制的发展。通过人们不断的努力，目前已经在各个方面取得了长足的进步，随着信息技术的飞速发展和人类基因组计划的完成，以人类基因组数据为源头的整合新靶标的识别、虚拟库与虚拟高通量筛选，以及药代动力学和毒性早期预测等药物分子设计关键技术的新药研究开发模式将突破这三大瓶颈，直接从靶标三维空间结构特征筛选或设计与靶标结构互补、具有治疗作用和良好药代动力学性质的先导化合物，并与现代新药研发技术、组合化学、高通量筛选等相结合，从而较快地研发出高效、低毒副作用的特异性药物。

第2章 计算和数据驱动的药物发现

2.1 计算机辅助药物发现

过去十年计算机的建模能力取得了巨大进步，推动了小分子候选药物被更快和更成功地发现。许多研究机构和公司成功地使用了一系列先进的计算方法来快速发现和推进已经进入 IND 阶段和人体临床研究的化合物。当然，这些成功提出了两个重要的问题：先进的计算驱动的药物设计方法是如何具体应用的？药物发现的哪些阶段和药物发现项目的哪些类型最有可能从这些技术中受益？

一般来说，计算方法在小分子药物发现的 3 个主要阶段都有不同程度的应用，如图 2.1 所示。

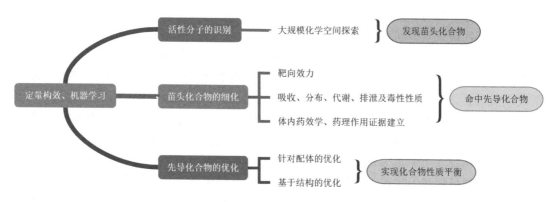

图 2.1　计算方法在小分子药物发现阶段的应用

- 初步识别活性分子（即发现苗头化合物）期间的大规模化学空间探索。
- 将苗头化合物细化为具有足够靶向效力和药物的吸收（absorption）、分布（distribution）、代谢（metabolism）、排泄（excretion）及毒性（toxicity），即 ADMET 性质的先导化合物，建立体内药效学和药理作用的证据。
- 使用定量构效关系（quantitative structure-activity relationship，QSAR）和机器学习方法对先导化合物进行针对配体的或基于结构的多参数优化，以实现体内药代动力学/药效学效力、选择性和 ADMET 特性的平衡。

许多因素促成了计算工具库的演变，包括改进的算法，通过 GPU 和云计算资源获得更大的计算能力，人工智能方法的迅速成熟，自动化的大规模构思能力，大量的生物、基因组和蛋白质结构数据，以及基于云的化学信息学数据库能力。

2.2　使用人工智能进行药物开发的原因

大量研究表明，人工智能或者机器学习方法可以有效提高新药研发的效率。使用人工智能和机器学习方法进行药物开发的最大优势是既可以缩短药物上市的时间，又可以降低研发的总成本。大部分药物开发时间为 10～15 年，其从发现到推向市场是一个漫长的过程。此外，根据最近发表的一份报告，考虑到候选药物的发现和筛选成本、药物发现到临床的研发成本（约 5 亿～10 亿美元）以及药物注册和审批成本，药物平均开发成本估计为 26 亿美元，在药物开发过程中使用人工智能可以降低高达 70% 的成本。

除了与靶标的亲和力，新药研发还必须考虑每种候选药物的理化特性，如药物的吸收、分布、代谢、排泄及毒性（absorption, distribution, metabolism, excretion and toxicity，ADMET）性质。人工智能可以通过比较药物的特征预测出药物的理化特性，从而减少需要实验验证的候选药物数量，节约成本。

随着对更大数据集的访问量的增加和算法的进步，新药发现中的 ADMET 性质预测算法继续改进。此外，人工智能算法已经被广泛应用于预测药物毒性或不良反应，并且随着大型数据集越来越容易获得，人工智能和机器学习方法可以准确预测先导化合物疗效与 ADMET 性质，还可以提高临床试验成功的概率。事实上，大部分研究者表示应在药物设计中使用人工智能和机器学习方法，因为与其他开发方法相比，它们提供了更高的准确性。人工智能和机器学习方法的使用还可以在更短的时间内分析大量数据，已有研究人员使用人工智能和机器学习方法来简化数据分析。

2.3　用于药物设计的人工智能方法的类型

机器学习算法通过预测药物的生物、物理和化学特性，加快了药物分子设计。用于预测候选药物的理化性质的常见机器学习算法包括随机森林（random forest，RF）、朴素贝叶斯模型（naive bayes model，NBM）和支持向量机（support vector machine，SVM）等。RF 通常用于药物设计过程中的特征选择、分类或回归。NBM 除了能够计算因子相关性和数据维数，在分析生物医学数据方面也具有重要作用，可以根据数据集特征对数据进行有效分类。SVM 擅长分离不同类别的化合物，可以区分具有活性或非活性的化合物，并识别药物和配体之间的关系。机器学习算法的应用涵盖药物设计过程的各个方面，可用于调整药物用途、预测药物蛋白相互作用、确定疗效、确保安全性和优化生物活性。机器学习算法也可以与其他算法相结合，以提高精度和预测能力。

深度学习（deep learning，DL）通过人工神经网络对药物进行特征提取和学习，进而预测药物性质。人工神经网络（artificial neural network，ANN）被设计成与人类大脑相似，是用于聚类输入、识别模式和分类数据的算法框架。目前已有大量研究人员在药物设计过程中使用了 ANN。药物发现中使用的 ANN 有 3 种主要类型：深度神经网络（deep neural network，DNN）、递归神经网络（recurrent neural network，RNN）和卷积神经网络（convolutional neural network，CNN）。DNN 通常被用于执行从化学库中生成先导化合物或预测新药的化学性质等任务。RNN 的自我学习能力独特，可以用来可靠地产生新的化合物。CNN 在分析高维数据集方面更优越，由于具有保持输入维数的固有能力，对于靶点和先导发现、筛选靶点-先导化合物相互作用和蛋白质-配体评分等应用特别有用。除了这些技术，神经网络还可以与其他技术相结合，以提高模型的准确性和预测能力。

DL 已作为药物设计过程的重要部分。此外，DL 还可以根据其在定量结构中的应用 QSAR 分析进行靶点的发现。通过分析二维定量构效关系（2D-QSAR），利用二维化学结构预测影响药物活性的物理化学性质；通过分析三维定量构效关系（3D-QSAR），进一步揭示化学结构影响配体-靶标相互作用的机制。除了这些应用，DL 在小分子的设计中也被证明是有用的。生成性张量强化学习（generative tensor reinforcement learning，GENTRL）被开发用于小分子的重新设计和新的酶抑制剂的识别。XGBoost 和 SVM 等机器学习算法已经与 DL 结合来识别治疗类风湿性关节炎的小分子。DL 能够在多个维度上学习分子特征，从而突破机器学习算法的局限性，并为新治疗方法的设计和开发提供了灵活的体系结构。

进化算法（evolutionary algorithm，EA）试图模拟生物进化，以自然选择、适应和进化的概念为中心。虽然 EA 不像其他技术那样经常使用，但 EA 也在设计新药的过程中进行了应用。EA 利用适应度函数，包括基于相似度驱动的片段的进化方法、对接评分方法和相似度指标，来确定特定条件下留存的特征，为药物设计提供近乎最优的解决方案，同时多种适应度函数的结合使用为分子设计提供了更大的灵活性。挪威科技大学最近完成的一项研究开发了一个基于智能交易系统的模型——MoleGear，该模型将对接评分和相似度指标这两种适应度函数结合到模型中来识别 HIV-1 蛋白酶的抑制剂，MoleGear 还可以用于组装和评价新的分子结构。随着人工智能的发展，EA 与其他领域的应用建模技术可能会是接下来的研究方向。

此外，不少研究者使用自然语言处理（natural language processing，NLP）技术来帮助加速药物开发过程。许多药物知识是以文本的形式保存的，在药物开发过程中使用 NLP 可以快速获取和分析有关药物设计的文本信息，从而更多、更全面地提取药物特征。

2.4　人工智能在药物设计中的应用

人工智能可以用于药物设计领域的各种应用，包括肽合成、虚拟结构和基于配体的筛选、毒性预测、药物监测以及药物释放建模、药效团建模、定量构效关系分析、药物重定向、多药理学和理化活性分析等。大量的研究人员使用人工智能方法开展药物发现和设计、药物优化、多药理学分析、分子化学合成和药物再利用分析等方面的研究。

人工智能为药物发现和设计提供了一种高效、节约的改善方式，帮助更快地消除非先导化合物以及选择候选药物。

已经有一些算法被开发来评估候选药物的物理、化学和毒理学特征，以提高识别先导化合物的速度。例如，QSAR 模型可以与 SVM、RF、线性判别分析和决策树等人工智能技术相结合，在不损失精度的情况下提高预测速度。人工智能还可用于预测靶标蛋白质的结构和药物-蛋白的相互作用。DNN 和 RNN 等工具已被用于根据靶标蛋白质的结合位点信息预测蛋白质的二维或三维结构，这对于研究人员针对特定疾病的情况推测药物的最佳靶标蛋白质结构是很重要的。建模药物-蛋白相互作用对于理解特定候选药物的疗效很重要。人工智能可用于模拟一种药物可能参与的多种相互作用，包括药物-蛋白、药物-配体和药物-靶标相互作用。

药物优化一般在药物分子生成之后进行，可以进一步提高分子的物理和功能特性。人工智能一直是优化化学结构的有用工具，可用于提高分子的效价、选择性、毒性和药代动力学特性，通过替换分子中的原子或化学键从而修改化学结构，产生多达数千种系列分子。进化算法是化合物优化的另一种流行方法，利用繁殖、突变、基因重组、自然选择和生存等进化概念来确定更合适的特征。

化学合成过程可通过使用人工智能进行优化，预测反应产率、反应合成途径和反应机制。许多算法，包括最近邻分类器、RF、SVM 和 DNN，已经被用于优化合成过程。计算机辅助合成算法不仅可以提出数以百万计的结构，还可以预测这些结构的不同合成途径。相比于人工方法，自动化的辅助合成算法近年来在化合物合成领域发挥了更大的作用。传统上，自动化仅限于执行诸如制作复合文库或分析构效关系等任务。然而随着技术的进步，现在已经能够实现自动化整个多步骤的合成途径并快速产生多达几克的化合物。结合使用人工智能进行化学合成优化和自动化生产化合物将有助于减少与开发新药化合物相关的成本。

药物重新利用是药物发现的一个新兴领域，因为与尚未进行测试的新药相比，已经被批准的药物进入市场的难度较低。药物重新利用的最大优点是该药物能够直接进行 II 期临床试验，节约时间和资金。基于机器学习和 ANN 的方法，例如基于聚类的方法和基于网络传播的方法，能够整合多种类型的数据并考虑到药物、疾病、基因和蛋白质的相互作用，因此广受欢迎。用于药物再利用的常用机器学习技术包括 SVM、NN、逻辑回归和 DL。DL 中的特征提取过程有利于发现药物-疾病网络中的潜在特征，通常用于构建特征提取或关系预测模型。尽管这些技术已经成功地促进了药物重新利用工作，但训练网络所使用的一般是小规模数据集，使得模型存在过拟合的风险，降低药物重新利用的准确度，这促使人们构建大规模数据集，例如使用在 ClinicalTrials.gov 等网站上利用文本挖掘算法提取的记录等信息来训练网络。药物重新利用与药物设计相比具有显著的优势，人工智能将继续激发人们对这种药物开发方法的兴趣。

多药理学是指作用于全身多个靶标的治疗方法。通常，药物的设计是为了限制多药理学以减少任何脱靶效应。多药理学可以通过深度学习方法实现药物-药物和药物-靶标相互作用的预测工作。自组织特征映射网络（self-organizing feature map，SOFM）可以与数据库结合使用，以确定药物可能发生的反应和脱靶效应。贝叶斯分类器和相似度集成方法可以用于评估药物及其靶标的药理特征。许多人工智能工具已经被开发出来，用于预测多药理学的不同应用。KinomeX 是一个基于 DNN 的平台，它利用激酶的化学结构来预测多药理学。另一个平台 LigandExpression 可以用来识别与小分子相互作用并产生反应或脱靶效应的受体。新药的多药理学在药物安全性中发挥着重要作用，是新药研发中一个重要的考虑因素。

更多参考文献请扫描下方二维码获取。

第 3 章 生物分子的化学表征方法

3.1 概   述

生物分子的化学表征是后续应用的重要基础，因为输入分子的表示形式是为特定的应用目的而设计的。例如，基于序列的表示主要关注分子信息的存储和检索，而基于图的表示则可以反映分子的原始形态。因此，相对于基于序列的分子表示，基于图的表示包含更丰富的结构信息。然而，并不是所有的分子都可以用图来表达。许多类型的分子，如配位化合物，不能用图进行表示。本节将讨论两种基于序列的分子表示方法和一种基于图的分子表示方法。图 3.1 展示了分子无监督预训练过程中的部分分子表示方法。其中，包括两种基于序列的分子表示方法，即简化分子线性输入规范（simplified molecular input line entry specification，SMILES）字符串（见图 3.1（a））和传统分子描述符（见图 3.1（b））；一种基于图的分子表示方法（见图 3.1（c））。根据分子表征，无监督预训练策略可以从序列和图的角度对分子进行预处理。如图 3.1 所示，ChemBERTa 和 SMILES Transformer 是基于 SMILES 的预训练策略；MolMapNet 是在多种分子描述符上的预训练模型；GNN 预训练和 GROVER 是基于分子图的两个预训练模型；预训练好的模型被迁移到特定的下游任务以提升下游任务的表现，如分子性质预测、药物-药物相互作用预测、药物-靶标相互作用预测。

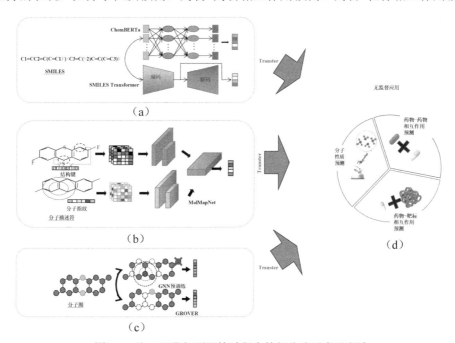

图 3.1 分子无监督预训练过程中的部分分子表示方法

3.2 基于序列的分子表示

3.2.1 基于 SMILES 的分子表示

SMILES 分子表示方法于 1988 年提出，目前已经成为最受欢迎的分子线性表示方法。一个分子的 SMILES 是通过对分子图中的每个原子分配一个数字，然后按照数字的顺序采用深度优先等搜索算法遍历分子图而得到的。值得注意的是，每个分子可以随机选择初始原子、主链和开环位置，因此，一个给定的分子可以用多种随机 SMILES 字符串进行表示，这种利用随机分配数字获得的 SMILES 称为随机 SMILES。也正因这种随机性，SMILES 被认为是一种很有前景的数据增强方法，有助于提高模型的鲁棒性。

然而，在某些情况下，例如在数据库和其他计算机应用中被视为结构的标识符时，一个分子的表示必须具有唯一性。随机 SMILES 字符串由于具有多样性，不能提供唯一的分子标识符，为了解决这类问题，科研人员设计了许多算法，确保将给定的分子生成标准且唯一的 SMILES 字符串。但是不同的公司在实现标准化算法时存在差异，这导致针对同一分子的唯一性 SMILES 会由于公司的不同而多样化。为了克服这个障碍，Boyle 提出了一种新的开源方法生成规范的 SMILES，称为通用 SMILES，这是第一个考虑分子立体化学信息的标准 SMILES。通用 SMILES 是基于国际化合物标识（InChI）生成的，旨在为分子结构提供唯一标识符。同时，基于 InChI 的关联，通用 SMILES 提高了 SMILES 字符串的可用性和可读性。

3.2.2 基于描述符的分子表示

分子描述符是另一种应用广泛的基于序列的分子表示方法。与基于原子表示的 SMILES 不同，该方法将分子的结构、物理化学和电子性质编码为一个序列，并且所有性质都来自专业知识。此外，描述符具有唯一性，也就是说，对于特定的描述符，一个分子只有一个序列。利用 Dragon 软件可以简单有效地获取描述符，该软件可以计算 4885 个描述符。

分子描述符还可进一步分为两大类，具体描述如下。

（1）结构键是由 0 和 1 构成的序列，序列中的二进制值表示分子中是否存在某一特定的化学基团（0 表示没有，1 表示存在）。MACCS（分子访问系统）键是一种结构键，用来进行相似度搜索。最常用的 MACCS 键是 166 位和 960 位，分别可以反映 166 和 960 种分子子结构。其中，166 位的 MACCS 键可通过许多软件（如 RDKit）获得，但 960 位的 MACCS 键由于商业机密至今没有很好的开源工具。

（2）分子指纹是包含分子物理、化学或结构性质的序列，可用于在大型化学数据库中快速过滤和搜索分子。与结构键不同，这些指纹的表示方法更为灵活，具体表现为可以用整数（如氢原子个数）和浮点数（如分子质量）表示分子属性。不同的分子指纹对应的生成方式也有差异。例如，基于路径的指纹由一个分子中的每个连接路径编码而来，而圆形指纹则是围绕着中心原子呈圆形的片段表示。基于路径的指纹是根据每个原子和键不同的性质（如元素、键序、杂交等）区分不同的化学分子结构/环境，方式有 Daylight、AtomPairs 或 RDKit 指纹。其中，RDKit 指纹可以为中心原子及其邻居存储不同的化学性质，能够提供分子子图的详细信息，方法是从分子图中的每个重原子（即非氢原子）开始，遍历所有可能长度的路径创建。像 Morgan/ECFP 这样的圆形指纹是通过每个重原子迭代几次构造的，在每次迭代中都会包含关于相邻原子的信息，直到预定义的半径。ECFP 是生物信息学中常用的一款分子指纹，是基于 Morgan 算法将围绕重原子周围的片段编码成序列的。

3.3　基于图的分子表示

根据分子的形状，分子被自然地视为一个图——原子可被视作节点，化学键可被视作边。因此，一个分子通常可被映射为一个无向图，定义为一个元组 $G=(V, E)$，其中 V 和 E 分别是分子中所有原子和化学键的集合。

为了使抽象的分子图便于计算机处理，通常会用 3 个矩阵存储给定分子的信息：顶点矩阵 V、边矩阵 E 和邻接矩阵 A。其中，顶点矩阵 V 的第 i 行对应于第 i 个原子 v_i，第 i 行的内容代表了原子的特征，原子的特征数目可灵活设置。相应地，边矩阵 E 中的每一行表示分子图中的连接边缘 $e_{ij} = (v_i, v_j)$，e_{ij} 的长度表示边缘特征的个数。在邻接矩阵 A 中，每个元素 a_{ij} 用一个二进制数表示原子 v_i 和 v_j 之间是否存在键，通常 1 表示存在键，0 表示不存在键。

第4章 基于分子表征的无监督预训练方法

4.1 概 述

近年来，计算机辅助新药研发技术取得了很大的进步。然而，有些任务却受限于小标签数据集问题，难以获得计算机技术最大限度的帮助，诸如分子性质预测及分子生成等。利用从其他相关任务中学习到的经验来处理小数据集问题是一种有效的策略。无监督预训练是一种有潜力的方法，它可以从大规模的无标记分子中学习到语义丰富的表征。在大规模无标记分子上训练的模型拥有捕获分子一般特征的能力，这种能力可以用来提高在下游任务中的表现。本章将概述近期有代表性的一些预训练工作及其在新药研发领域相关的应用，同时，还系统性地总结了基于分子表征的无监督预训练可能面临的挑战和解决方案。

深度学习技术被广泛应用于加速和改进新药研发，并在多项应用中取得了令人满意的结果，如分子性质预测、药物-药物相互作用（drug-drug interaction，DDI）预测、药物-靶标相互作用（drug-target interaction，DTI）预测、药物重定位和药物生成。然而，深度学习模型的效果很大程度上依赖于训练集的数据量，即训练样本越多，越有助于模型做出更准确的预测。但现实却是无论在新药研发的哪个阶段，标记数据都是一项耗费大量时间与资源的工作。因此，带标签数据的缺乏限制了计算机辅助新药研发的发展。计算机辅助新药研发的另一项挑战是分布外预测，即当一种新合成的分子出现在测试集中时，由于它的新颖性，特征分布可能会与以前所有训练过的分子不同。

解决上述问题的一种方法是通过无监督学习对大规模未标记分子进行预训练，然后将预训练好的模型迁移到其他特定的下游任务中，这种技术被称为无监督预训练。无监督预训练的目的是训练一个模型，使其能理解在大量未标记数据中的知识，然后将该模型用于辅助不同但相关的任务。无监督预训练在计算机视觉（computer vision，CV）和自然语言处理（natural language processing，NLP）中已经获得了广泛的应用。无监督预训练在 NLP 中非常成功，如 GPT 和 BERT 等。有监督预训练在计算机视觉中仍然占据主导地位，而无监督的方法通常落后于此，原因可能是它们各自信号空间的差异。语言任务具有离散的信号空间（单词、子单词单元等），无监督学习可以基于此构建标记化词典。相比之下，计算机视觉更关注词典的建立，因为原始信号位于连续的高维空间中，不像单词那样适合人类交流。最近的几项研究提出使用对比损失等相关方法进行无监督视觉表征学习，并且能够得到预期结果。尽管受到各种动机的驱动，这种方法仍被认为可以构建动态词典。词典中的键（令牌）是从数据（如图像或补丁）中采样的，并由编码器网络表示。无监督学习训练编码器执行词典查找：编码的查询与其匹配的关键字相似，而与其他关键字不同。这种无监督学习被表述为最小化对比损失。

得益于这些出色的工作，无监督预训练在新药研发领域也取得了一些不错的成绩[1][2][3][4]，因此，本章挑选了一些具有代表性的工作进行简述及讨论。

数据表示形式的选择对于任何深度学习模型都是至关重要的，因为它们将直接影响训练策略的选择。由于生物信息学的快速发展，近年来涌现出多种多样的分子表示形式。一般来说，分子表示可分为两类：基于序列的表示和基于图的表示。基于序列的分子表示是指用序列表示的分子，可以用系统的公式来对序列进行解释。基于图的分子表示则是一种将原子映射到节点，将化学键映射到边的描述方式。鉴于此，本章将依据在无监督预训练中应用的分子表征来对相关工作进行梳理。

4.2 分子无监督预训练策略

无监督预训练（又称自监督预训练）是一种迁移学习技术，它利用事先学到的知识促进后续任务的完成。迁移学习通常包含两个不同域的任务：一个是源域 D_s 和源任务 T_s，另一个是目标域 D_t 和目标任务 T_t。预训练的目的是通过源域 D_s 及源任务 T_t 来加速模型在目标域 D_t 的学习过程及提高目标任务 T_t 的效果。在新药研发领域可以这样理解，T_s 为一些无监督的上游任务，T_t 为一些具体的下游任务（如分子性质预测、DDI 预测、DTI 预测）；D_s 是无标记的分子域，D_t 是针对特定下游任务的带标记的分子域。由于上游任务根据分子表征进行设计，因此，本节将预训练策略（即上游任务）分为基于序列和基于图的模型来介绍，相关的代码链接如表 4.1 所示。

表 4.1 不同的分子无监督预训练模型及其对应的上游任务和代码

模 型		上 游 任 务	代 码
基于序列的模型	ChemBERTa[5]	掩码语言模型	https://github.com/seyonechithrananda/bert-loves-chemistry
	SMILES Transformer	序列到序列模型	https://github.com/DSPsleeporg/smiles-transformer
	MolMapNet	—	https://github.com/shenwanxiang/ChemBench/tree/v0
基于图的模型	GNN Pre- training	上下文预测	https://github.com/snap-stanford/pretrain-gnns/
	GROVER[6]	主题预测	—

[1] Zhang Y, Yan J, Chen S, et al. A review on the application of deep learning in bioinformatics[J]. Current Bioinformatics, 2020, 15(8).

[2] Hu W, Liu B, Gomes J, et al. Pre-training graph neural networks[J]. 2019, 1905.12265.

[3] Honda S, Shi S, Ueda H. SMILES transformer: pre-trained molecular fingerprint for low data drug discovery[J]. ar Xiv, 2019, 1911.04738.

[4] Shen W, Zeng X, Zhu F, et al. Out-of-the-box deep learning prediction of pharmaceutical properties by broadly learned knowledge-based molecular representations[J]. Nature Machine Intelligence, 2021, 3(4): 334-343.

[5] Chithrananda S, Grand G, Ramsundar B. Chemberta: large-scale self-supervised pretraining for molecular property prediction[J]. arXiv, 2020, 2010.09885.

[6] Rong Y, Bian Y, Xu T, et al. Grover: self-supervised message passing transformer on large-scale molecular data[J]. arXiv, 2020, 2007.02835.

4.3 基于序列的预训练策略

序列的表示形式影响训练策略的选择，常见的序列预训练策略表示形式有两种，分别是基于 SMILES 的预训练策略和基于描述符的预训练策略。

4.3.1 基于 SMILES 的预训练策略

基于 SMILES 的分子表征被视为一种特殊的语言，研究人员可以借鉴 NLP 的方法处理基于序列的分子表征任务。值得一提的是，在其他领域，采用 NLP 方法学习生物序列（如 DNA、RNA 和蛋白质序列）也取得了良好的效果。大多数 NLP 的预训练策略通常包括两个阶段：第一个阶段是训练一个大型的自然语言模型，这个模型通常有数百万个参数；第二个阶段是将预训练好的模型产生的嵌入向量应用于特定的有监督的下游任务中。RoBERTa[1]就是以这种方式进行预训练的语言模型，它将掩码语言模型（masked language model，MLM）作为上游任务。MLM 类似于填空任务，即输入序列中固定百分比的单词被随机屏蔽，然后模型需要学习如何正确预测出被屏蔽的单词。MLM 的任务是通过预测被屏蔽的单词来帮助模型理解序列语义，因为只有当模型学习到正确句子的内在规则时，它才能做出准确的预测。受 RoBERTa 的启发，DeepChem 研究团队开发了名为 ChemBERTa[2]的分子无监督预训练模型，该模型是在一千万个 SMILES 字符串数据集上进行训练的。ChemBERTa 进行训练的立足点为：当模型学会预测 SMILES 中被屏蔽的字符时，它将能够构建出正确的图表示。因此，在 ChemBERTa 中，每个输入的 SMILES 字符串中有 15% 的字符被随机屏蔽。参照 RoBERTa 模型，ChemBERTa 由 12 个注意力头和 6 层网络组成，获得了 72 种不同的注意机制。从 MoleculeNet 中选取几个分类任务作为下游任务对 ChemBERTa 进行评价，结果表明该模型与基准方法相比，性能具有一定的提升。

NLP 中另一个常用的上游任务是序列到序列（sequence-to-sequence，seq2seq）[3]，它通过将输入序列映射到包含相同语义信息的另一个序列（有时输入和输出序列是相同的）来训练模型。因此，在某种程度上，seq2seq 可以被看作类似于翻译的任务。Transformer[4]就是利用 seq2seq 任务来对模型进行预训练的，它由编码器和解码器两部分组成。编码器通常用于从原始输入序列中学习信息以生成特征丰富的嵌入向量，而解码器的任务则是根据编码器产生的嵌入向量来恢复原始的输入序列，此外也可以将输入序列转换为不同但语义相似的序列，例如将英文句子翻译成中文句子。因此，seq2seq 任务要求 Transformer 理解输

① Liu Y, Ott M, Goyal N, et al. Roberta: a robustly optimized bert pretraining approach[J]. arXiv, 2019, 1907.11692.
② Chithrananda S, Grand G, Ramsundar B. ChemBERTa: large-scale self-supervised pretraining for molecular property prediction[J]. arXiv, 2020, 2010.09885.
③ Ranzato M A, Chopra S, Auli M, et al. Sequence level training with recurrent neural networks[J]. arXiv, 2015, 1511.06732.
④ Subakan C, Ravanelli M, Cornell S, et al. Attention is all you need in speech separation[C]. ICASSP 2021-2021 IEEE International Conference on Acoustics, Speech and Signal Processing (ICASSP). IEEE, 2021: 21-25.

入序列的含义，否则无法实现转换。同时，Transformer 模型在不需要重复连接的情况下还可以快速稳定地收敛，尤其是在处理长序列和复杂问题方面，Transformer 表现出非凡的性能，因此该模型也被认为是 NLP 的业界标准。

在 Transformer 模型的基础上，Honda 等人[①]提供了名为 SMILES Transformer（ST）的分子无监督预训练模型。ST 是在 861 000 个未标记的 SMILES 序列上进行训练的。在 ST 中，一个 SMILES 字符串被输入编码器中，编码器随后产生一个过渡的嵌入向量，随后解码器对这个嵌入向量进行复用以恢复输入的原始 SMILES 字符串。在这一过程中，能够表示分子结构的过渡嵌入向量是目标产物，这类过渡嵌入向量可用于任意的下游任务。ST 由 4 个 Transformer 块组成，每块包含 256 维和 2 个线性层构成的 4 个注意力头。因此，由编码器从原始 SMILES 中提取的 ST 指纹（即过渡嵌入向量）就可应用于特定的下游任务。实验表明，ST 指纹在分子属性预测基准的 8 个数据集中有 5 个超过了对比方法。

在 ST 中，输入和输出的 SMILES 字符串是相同的。然而，一个给定的分子可以表示为多个有效的随机 SMILES 字符串。因此，一些研究人员假设：如果一个模型可以深入理解一个分子，那么它就可以将一个随机的 SMILES 字符串转换为另一个随机的 SMILES 字符串。基于这一假设，X-MOL 被设计了出来[②]，该模型采用编码器-解码器结构在多类随机 SMILES 字符串之间进行转换以训练模型。据报道，X-MOL 在 11 亿个 SMILES 上进行了预训练，但该项工作尚未开源。

4.3.2　基于描述符的预训练策略

基于 SMILES 的无监督预训练研究有很多，但基于分子描述符的无监督预训练工作却鲜有报道，其原因有二：一是研究人员倾向于通过数据驱动技术而不是人类先验知识来获得分子的表示；二是每种分子描述符通常只专注于表达分子单一方面的信息，例如，基于药效团的描述符只编码药效团点，而没有考虑整个分子信息。实际上，不同的分子描述符之间拥有高度的相关性，例如，基于药效团的描述符（如 TAT 和 TGT）与基于指纹的描述符（如 ECFP4）的特征密切相关。这一相关性特点为研究潜在的分子表征提供了线索，如何将这些先验信息转换成合适的表达方式成了需要解决的难题。

为了解决上述难题，Shen 等人通过融合多个分子描述符以捕获各种分子描述符的内在相关性，从而建立鲁棒的分子特征，该方法被命名为 MolMap[③]。MolMap 旨在利用余弦相关函数计算 8 506 205 个分子的 13 类分子描述符与 12 类分子指纹之间的成对距离，然后通

① Honda S, Shi S, Ueda H R. Smiles transformer: pre-trained molecular fingerprint for low data drug discovery[J]. arXiv, 2019, 1911.04738.

② Xue D, Zhang H, Xiao D, et al. X-MOL: large-scale pre-training for molecular understanding and diverse molecular analysis[J]. bioRxiv, 2021, 2020.12.23.424259.

③ Shen W X, Zeng X, Zhu F, et al. Out-of-the-box deep learning prediction of pharmaceutical properties by broadly learned knowledge-based molecular representations[J]. Nature Machine Intelligence, 2021, 3(4): 334-343.

过 UMAP[1][2]和 JV 算法将这些成对的距离矩阵投影到名为 MolMap Fmap 的多通道矩阵上。MolMap Fmap 是一个有 25 个通道的矩阵，其中 13 个通道代表 13 类分子描述符，12 个通道代表 12 类分子指纹。对于给定的 SMILES，MolMap 方法可以生成相应的 MolMap Fmap，然后应用于特定的下游任务。考虑到 MolMap Fmap 是多通道的，Shen 等人还提出了一种支持多通道深度学习的双路径 CNN 架构——MolMapNet[3]。MolMapNet 的体系结构包括 3 个组件：多通道输入特征映射、（分子描述符和分子指纹的）双路径 CNN 特征学习和具有完全连接层的非线性变换。训练 MolMapNet 模型的挑战在于，分子特性通常是一组无序的数据，而 AI 工具通常需要对一组有规则的数据集进行训练，以学习数据集中的特定模式，完成目标任务。数据的无序性极大地损害了 AI 药物分析中的性能。由于药物的数据有限，很难对 AI 体系结构进行改善，因此研究人员选择在 AI 读取分子特性的方式上进行改善，将无序分子特性映射到有序图像中，以使 AI 更有效地识别分子特性。MolMap 模型通过对分子描述符和分子指纹的余弦相关进行学习，将高维的分子表示和指纹特征投影到二维特征图中，不仅展示了各自的独特性，还显示了它们的内在关联。将 MolMapNet 模型与基于图的神经网络方法进行对比，实验结果显示 MolMapNet 模型在 26 个药学相关的基准数据集和一个新颖的数据集中的表现均具有一定的竞争力，而且由于结合了先验知识，模型具有更好的泛化性。此外，开箱即用的 MolMapNet AI 工具可用于对药物特性进行深度学习预测。为了改善对药物特性的深度学习预测，MolMapNet AI 工具遵循 3 个步骤。首先，广泛学习来自 800 万个分子的分子特性之间的内在联系。这些关系之间可能存在联系，有助于缩小潜在的药物特性范围。其次，使用新开发的数据转换技术将药物的分子特性映射到 2D 图像中。其中，像素布局反映了这些不同特性之间的内在联系，包含药物特性的关键指标，这些指标可以被经过适当训练的深度学习模型捕获。最后，训练图像识别工具以学习映射的图像，并使用该工具预测药物特性。AI 工具可以通过捕获特定的像素布局模式来预测药物特性，这类似于计算机视觉中的图像识别和分类。未来，开箱即用的深度学习模型可能会帮助科学家更快、更有效地预测不同药物的特性，从而大大提高新药研发的速度。

4.4　基于图的预训练策略

随着图神经网络（graph neural network，GNN）的发展，近年来大量的工作集中在将分子图表示直接应用于新药研发任务中。从基于图的分子表示中学习到的特征被认为拥有捕获分子结构信息的潜力，因此基于图的分子表示被认为是人工智能驱动化学信息的理想起点。

① McInnes L, Healy J, Melville J. umap: uniform manifold approximation and projection for dimension reduction[J]. arXiv, 2018, 1802.03426.

② Becht E, McInnes L, Healy J, et al. Dimensionality reduction for visualizing single-cell data using UMAP[J]. Nature biotechnology, 2019, 37(1): 38-44.

③ Shen W X, Zeng X, Zhu F, et al. Out-of-the-box deep learning prediction of pharmaceutical properties by broadly learned knowledge-based molecular representations[J]. Nature Machine Intelligence, 2021, 3(4): 334-343.

由于 GNN 性能优异，一些研究人员开始研究分子图数据的预训练策略。然而，由于拓扑结构的变化，图数据往往比图像或文本数据更复杂，因此很难直接使用分子图的自监督学习方法。对比学习是一种基本的自监督方法，其目的是学习编码使两个事物相似或不同。它在学习单词表征和视觉表征方面取得了巨大成功。目前，一些研究人员正在使用对比学习来提升图神经网络的性能，并开始学习从未标记的输入数据中表示图数据。尽管这些方法已经非常成功，但大多数方法的计算复杂度非常高，限制了它们在大型数据集的预训练中的应用。此外，虽然这些方法主要侧重于节点级特征学习，但图级任务的好处是有限的，因为它们没有明确地学习全局图级表示。随后，研究人员使用有监督的分子特性预测任务在图级别预训练 GNN。这受到对大型标记数据集的需求的限制。此外，使用纯图形级或节点级策略的预训练 GNN 的改进已被证明是有限的，并可能导致向许多下游任务的负面迁移。因此，需要制定有效的图级自监督策略。

Hu 等人[①]为 GNN 探索了一种有效的预训练策略，并将其应用于训练两百万条未标记的基于图的分子表示。根据基于图的分子表示的特点，Hu 等人巧妙地设计了上下文预测和属性掩蔽两个上游任务。上下文预测使用子图来预测其周围的结构，经过上下文预测任务的训练后，与子图结构相似的特征向量将会被映射到隐藏空间中接近的区域。在这个任务中，上下文子图会被一个名为上下文 GNN 的辅助 GNN 编码成固定长度的向量。辅助 GNN 从上下文图中提取嵌入，主 GNN 从邻域学习得到节点嵌入。主 GNN 和上下文 GNN 将通过负采样策略一起训练。属性掩蔽通过探索顶点/边的属性分布的规律来学习信息。与 MLM 的任务类似，属性掩蔽任务是根据周围的未掩蔽结构来预测被掩蔽的节点/边缘属性。属性掩蔽任务的主要步骤如下：① 随机选择输入的原子/键属性（如原子/键类型）进行掩码；② 训练模型学习到对应的原子/键嵌入并预测掩蔽的属性。通过这种方式，GNN 模型被迫学习分子的属性分布以正确预测被屏蔽的属性。而模型学习到的这种推理能力可以转移到下游任务以提高下游任务的表现。该项工作的无监督预训练仅停留在节点级，而图级别的预训练是有监督的，具体表现为：利用带标签的数据集来训练图级的分子，例如预测输入数据的所有分子性质。这项工作成功的关键是训练 GNN 模型将原子嵌入聚合在一起，以获得整个分子图特征，包括节点级和图级信息。

Rong 等人[②]认为上下文预测任务和属性掩蔽任务具有高度的相关性，但 Hu 等人却将这两个任务隔离了，这种设计理念阻碍了局部结构和节点属性之间的信息共享。此外，图级有监督任务的作用受标记分子数量的限制。为了解决这些问题，Rong 等人提出了基于分子图的预训练模型 GROVER，该模型包含两个精心设计的任务，即上下文属性预测和图级基序预测。GROVER 中使用的架构是 GNN Transformer（GTransformer），这是一种将 Transformer 框架和 GNN 模型结合起来的模型。在上下文属性预测任务中，预训练模型需要对目标原子/键在局部子结构中的上下文感知属性进行预测。具体地说，在给定的分子图中，随机选择一个原子 v，GTransformer 学习其嵌入向量 h_v，然后根据 h_v 得到原子 v 周围

① Hu W, Liu B, Gomes J, et al. Strategies for pre-training graph neural networks[J]. arXiv, 2019, 1905.12265.
② Rong Y, Bian Y, Xu T, et al. Self-supervised graph transformer on large-scale molecular data[J]. Advances in Neural Information Processing Systems, 2020, 33: 12559-12571.

子结构的性质。该任务需要利用预训练模型来捕获子结构的属性，以学习 v 周围的一些语境信息，从而使它有能力预测上下文属性。上下文属性预测以预测包含原子和键的子结构信息为目标，克服了局部结构和节点属性之间难以共享特征信息的缺陷。在基于图的分子表示中，基序是重复出现的子图，并且普遍存在于每个分子图中，因此基序的一个典型代表就是官能团，它反映了分子丰富的子结构信息，并且很容易被 RDKit 等软件识别。如果一个模型能够识别出一个给定分子的所有官能团，那么它可能已经学会了从图级别捕获整个分子图的信息。GROVER 图级无监督任务就是基于此设计的。由于分子的官能团很容易由软件自动从分子中提取出来，所以可以被认为是无标签的数据。基序预测的工作原理如下：① 应用 RDKit 对给定分子中的官能团进行编码，每个官能团对应一个单独的标签；② 标签必须包含 GTransformer 在基序预测任务中需要学习的目标。GROVER 是一个具有 1 亿个参数的框架，用于在 1000 万个未标记的分子图上进行训练。精心设计的上游任务和强大的模型架构是 GROVER 成功的关键。

Duvenaud 等人[1]提出了基于图形的方法，该方法在 QSPR 任务中通常比基于文本的方法（如 SMILES）表现出更好的性能。在这些研究中，模型设计用于大型完全标记的训练数据设置，这需要大量标记的数据集和用于一次性学习的 QSPR 模型。然而，在大多数情况下，很难制备具有经实验验证的分子特性或具有与蛋白质亲和力的大型标记数据集，因此基于图形的方法的应用可能有限，需要为小数据集开发高性能算法。鉴于自然语言处理领域的最新进展，一种预训练方法可能是应对这一挑战的有希望的方法。语言模型预训练可以利用巨大的未标记语料库学习单词和句子的表示，然后使用相对较小的标记数据集对预训练模型进行微调，以适应下游任务。事实上，化学信息领域已经实施了预训练方法：通过解码学习表示的 SMILES，由循环神经网络（recurrent neural network，RNN）或变分自动编码器（variational auto-encode，VAE）组成的预训练序列到序列学习模型。然而，这些研究并没有证明在小数据环境下的性能。换言之，尚未对化学信息领域预训练方法在小数据环境下的性能进行评估。

对于基于分子图的无监督预训练，除了上述几个模型，还有多个优异的工作，如 MolCLR[2]，感兴趣的读者可以深入研究这些工作。

4.5　无监督预训练应用

当人们面对一个新的问题时，自然会利用已获得的经验和知识来处理新的问题。与人类类似，预训练是基于这样一种假设的技术，即从一项任务中学到的知识可以提高在其他任务中的表现，或者需要很少的训练样本就能取得较好的表现。预训练在计算机视觉（computer vision，CV）领域已有很多成功的例子，例如，在大规模图像数据库 ImageNet

① Duvenaud D K, Maclaurin D, Iparraguirre J, et al. Convolutional networks on graphs for learning molecular fingerprints[J]. Advances in Neural Information Processing Systems, 2015, 28.

② Wang Y, Wang J, Cao Z, et al. MolCLR: molecular contrastive learning of representations via graph neural networks[J]. arXiv, 2021, 2102.10056.

上预训练好的模型在数百个新的训练样本上经过微调之后就可以很好地识别相似的对象。CV 领域的研究成果也惠及新药研发领域,特别是分子无监督预训练的发展为加速新药研发提供了机会。经过精心设计的无监督预训练策略训练好的模型可用于提取分子特征向量,该向量可以应用于下游不同的新药研发任务。本节讨论了分子无监督预训练的应用,包括分子性质预测、药物–药物相互作用预测和药物–靶标相互作用预测。具体用到的数据集如表 4.2 所示。

表 4.2　不同的分子无监督预训练应用及其对应的数据集

应　　　用	数　据　集	网　　　址
分子性质预测	MoleculeNet	https://github.com/deepchem/deepchem
药物–药物相互作用预测	TwoSIDES	http://tatonettilab.org/offsides/
	DeepDDI	https://bitbucket.org/kaistsystemsbiology/deepddi/src/master/
药物–靶标相互作用预测	C.elegans	https://github.com/masashitsubaki/CPI_prediction/tree/master/dataset/celegans
	Huaman	https://github.com/masashitsubaki/CPI_prediction/tree/master/dataset/human

4.5.1　分子性质预测

分子性质在新药研发中起着重要作用。例如,当研发一种口服药物时,该药的胃肠道溶解度、肠膜通透性和肠/肝首过代谢属性就会被重点关注。但是,由于实验的效率和安全性,一些分子的某些性质并不能从实验中直接或快速得到。因此,在人工智能驱动的新药研发中,常见的任务之一就是分子性质预测。在 NLP 和 CV 领域,人员稍微经过培训就可以为特定任务的数据打标签。但与 NLP 和 CV 领域不同的是,分子的数据是非常多样的,而且收集成本很高,对分子数据进行标记需要专家及专业仪器的研究。经过大量研究人员的研究,MoleculeNet[①]被提出作为分子性质预测的基准数据集。该数据集总结了化学界收集到的各种来源的大规模数据,包括 PubChem、PubChem BioAssasy 和 ChEMBL。MoleculeNet 中有超过 70 万个分子,被划分为 17 个数据集,其中分子属性包括从分子水平属性到对人体的宏观影响等不同层次。这些数据集可分为 4 类:生理、生物物理、物理化学和量子力学,按数据划分为 Random Split、Scaffold Split、Stratified Split 和 Time Split。衡量指标根据回归任务划分为 MAE 和 RMSE,根据分类任务划分为 AUC-ROC 和 AUC-PRC。在 MoleculeNet 中,数据集 MUV、HIV、BACE、BBBP、Tox21、ToxCast、SIDER 和 Clintox 通常作为下游任务来评估分子无监督学习的预训练。这 8 个数据集是多分类任务,包括二元分类问题和多标签分类问题,这些问题要求预训练模型具有较强的泛化能力。MoleculeNet 中的所有数据集都可以通过开源包 DeepChem（https://github.com/deepchem/deepchem）进行访问。

① Wu Z, Ramsundar B, Feinberg E, et al. MoleculeNet: a benchmark for molecular machine learning[J]. Chemical Science, 2018, 9(2): 513-530.

4.5.2　药物-药物相互作用预测

药物-药物相互作用（DDI）是指两种或两种以上药物发生相互作用，通常分为协同、增强和拮抗 3 种类型。在某些情况下，DDI 可能导致药物不良反应（adverse drug reaction，ADR），ADR 将会对人类的健康造成严重的危害，甚至会导致死亡。因此，研究 DDI 的可能性是新药研发和市场批准前监管调查的重要组成部分。由于结构相似的药物可能产生相同的副作用，计算机辅助技术可以通过比较分子结构的相似性来预测 DDI。从计算机技术的角度来说，DDI 预测任务可被视为二元分类任务，最近一些工作也取得了很好的效果。DDI 预测也常被作为分子无监督预训练的下游任务以评判预训练的效果，如 X-MOL 和 MPG。DDI 可能在人体内引起一系列意想不到的药理作用，包括一些未知的药物不良事件机制。因此，DDI 预测已成为与先导化合物分析相关的另一项重要任务。在这个任务中，一个经典的计算模型 DeepDDI[①]被作为基准测试的基线。Xue 等人研究了包括 192 284 个 DDI 预测数据集，并提出了一个具有设计的 DDI 表示的深度学习模型，用于以多分类方式进行 DDI 预测。在他们的研究中，设计了一种微调策略，以两个代表两种药物的 SMILES 为输入，这些药物对属于每一类的概率（如吸收的增加或减少）作为输出，计算交叉熵损失并用于更新模型。为了获得一致的比较，在研究中采用了 10 倍交叉验证。结果表明，X-MOL 的平均准确度（ACC）为 0.952，高于基线 DeepDDI 的 0.924。

DDI 代表当同时服用多种药物时，药物间的相互作用会影响药物的活性。确定 DDI 的特性对于提高药物消费的安全性和有效性至关重要，因为药物之间的相互作用可能会对治疗结果产生意想不到的负面影响。

为了证明 MPG 对 DDI 预测的有效性，Li 等人[②]将这些框架与最近在两个真实数据集 BIOSNAP 和 Twobeds 中提出的算法进行了比较。为确保公平，在上述两个数据集上分别执行了 CASTER 和 DDI PULearn 这两种最佳方法的相同实验程序。DDI 预测任务被形式化为一个二元分类问题，旨在确定两种药物之间的相互作用。MPG 在两个数据集上都显著优于之前的最佳方法（CASTER 和 DDI PULearn）。CASTER 将 SMILES 子串作为输入来表示分子子结构。与 SMILES 相比，分子图更适合有效地表示分子的结构信息。DDI PULearn 收集了各种药物特性，以计算作为输入表示药物相似性，包括药物化学亚结构、药物靶标、副作用和药物适应证。相比之下，MPG 仅将分子结构作为输入，并且观察到 MPG 仍然比 DDI PULearn 产生显著更好的性能。这些结果表明 MPG 在 DDI 预测上具有优越的性能。此外，MPG 可以生成可解释的预测。给定一对输入药物，MPG 为分子中的每个原子分配一个注意力权重，表明相互作用的重要性。Li 等人选择了西地那非和其他硝酸盐类药物之间的相互作用作为案例研究。西地那非是 PDE5 抑制剂，是一种治疗肺动脉高压和勃起功

---

① Ryu J Y, Kim H U, Lee S Y. Deep learning improves prediction of drug-drug and drug-food interactions[J]. Proceedings of the National Academy of Sciences, 2018, 115(18): E4304-E4311.

② Li P, Wang J, Qiao Y, et al. Learn molecular representations from large-scale unlabeled molecules for drug discovery[J]. arXiv, 2020, 2012.11175.

能障碍的有效药物。由于硝酸盐类药物和西地那非增加 cGMP（硝酸盐促进 cGMP 的形成，而西地那非减少 cGMP 的分解），联合使用可能导致血压剧烈下降，甚至引发心脏病。因此，测试 MPG 在预测西地那非与其他硝酸盐类药物之间的相互作用时是否能够更加关注硝酸盐组。具体来说，从 MolGNet 的最后一层提取原子的注意力权重，并将其归一化到集合节点。在将注意力权重可视化之后，观察到硝酸盐组始终存在较高的注意力权重。这表明 MPG 可以利用分子的稀疏和合理信息来生成 DDI 预测。

下面介绍两种广泛应用于 DDI 预测任务的数据集。DDI 数据集通常来自真实的临床观察病例，但这些病例中的变量往往是未定义的、未测量的或稀疏的，这些情况会严重影响数据质量。鉴于此，Tatonetti 等人开发了一种新的方法来避免这些情况，并构建了一个高质量的 DDI 数据集 TwoSIDES[①]。TwoSIDES 是目前覆盖面最广的药物-药物相互作用数据库，包括与数百万种潜在不良反应相关的 3300 多种药物和 63 000 种组合。DeepDDI 是利用深度学习技术探究 DDI 的经典预测模型，常被用作 DDI 基准方法。在 DeepDDI 中提出了一个 DDI 数据集，该数据集是从 DrugBank 中精心构建的。DrugBank 是一个对计算机辅助新药研发至关重要的综合性药物数据库。DeepDDI 中的 DDI 数据集是一个多分类任务，包含 191 878 个药物对贡献的 192 284 个 DDI。

4.5.3　药物-靶标相互作用预测

识别药物-靶标相互作用（DTI）在新药研发中也至关重要。当出现新的适应证时，应对的最佳选择是回收已批准的药物，因为它们具有可用性和已知的安全性。这种方法可以进一步降低新药研发的需求和药物安全风险。然而，由于生物实验的高成本，有必要通过计算机预测 DTI。假设结构相似的化合物会与蛋白质相互作用，使用深度学习技术提取分子结构信息可以进行 DTI 预测。DTI 预测模型一般由药物编码器和目标编码器组成，在这种情况下，预先训练的模型可以直接应用于药物编码器。因此，可以将训练良好的模型权值视为药物编码器的初始权值，然后利用 DTI 预测任务对药物编码器和目标编码器进行训练。分子无监督预训练模型 MPG 遵循这一思路实现 DTI 预测。

Human 和 C.elegans 是用于 DTI 预测任务的数据集。这些数据集的正样本取自两个基于实验的数据库——DrugBank 和 Matador。与其他随机选择的化合物和蛋白质构建负样本的数据集不同，为了保证数据集负样本的高可信度，Human 和 C.elegans 的负样本是通过系统的筛选方法获得的。在 Human 数据集中，由 1052 种化合物和 852 种蛋白质构成 3369 个正样本。在 C.elegans 数据集中，由 1434 种化合物与 2504 种蛋白构成 4000 个正样本。

① Nyamabo A K, Yu H, Liu Z, et al. Drug-drug interaction prediction with learnable size-adaptive molecular substructures[J]. Briefings in Bioinformatics, 2022, 23(1): bbab441.

4.6　总　　结

无监督预训练是一种能够解决小标签数据集问题的有效方法，该技术为特定的下游任务模型增加了鲁棒性，并能有效防止过拟合问题。因此，这一技术能很好地助力新药研发。无监督预训练的模型在监督训练中主要起正规化作用，有助于加速收敛。然而，分子无监督预训练仍处于初级阶段，目前面临以下挑战。

"负迁移"是无监督预训练中必然存在的问题，它是指预训练任务向新的下游任务转移时生成的表征不具有泛化性，从而导致下游任务表现不佳。最先进的图神经网络模型在分子无监督预训练中就出现了负迁移，在 8 个分子预测数据集中，有 2 个数据集的性能表现甚至不如未经过预训练的。因此，在预训练前，必须仔细设计上游与下游任务之间的相关性，理解预训练模型学习到了什么知识是一种缓解负迁移的可取方法。

高质量的策略是分子无监督预训练成功的关键。由于分子表征可以表现为多种形式，因此可以参考其他领域（如 CV 和 NLP）的预训练策略，这些策略后续可以被改进以促进基于分子表征的无监督预训练。实验表明，参数量大的模型可以通过复杂的任务捕获丰富的语义信息，但在训练超大模型时，必须考虑潜在的梯度消失和过平滑问题。同时，神经网络的缺陷在于缺乏可解释性，制药公司很难应用没有明确解释性的神经网络生成的结果。因此，探讨模型的可解释性同样值得进一步研究。

分子表征的选择也是一个关键的挑战。分子输入表征在很大程度上决定了预训练策略。基于序列的分子表示倾向于应用 NLP 技术，而基于图的分子表示则倾向于应用 GNN 技术。尽管基于图的分子表示包含了基于序列的表示所没有的原始结构信息，但在相同条件下，GNN 的效率和吞吐量都低于基于序列的模型。鉴于良好的分子表征简化了后续的学习任务，我们需要根据目的对分子表征做出选择。例如，如果速度是目标，那么基于序列的表示可能会更好。从笔者的角度出发，一个潜在的方法是应用先进的深度学习方法来探索生成更优的分子表征。

更多参考文献请扫描下方二维码获取。

第 5 章　分子性质预测

5.1　概　　述

分子性质预测是新药研发领域中的一项基本任务，对分子的性质进行精确的预测有助于加快药物筛选的过程。传统的机器学习方法首先提取药物分子的指纹或者人为设计的特征，然后将其输入机器学习模型中进行预测，但这种提取特征的方法往往带有专家的偏见。为了消除这种偏见，应该采用更加通用的方法，如机器学习算法与深度学习算法。由于计算能力的提高以及深度学习在自然语言处理（natural language processing，NLP）和模式识别（pattern recognition）等相关领域取得的巨大成功，深度学习算法比机器学习算法在分子性质预测领域的应用更加广泛。深度学习网络能够自动学习特定任务的表示，从而可以避免复杂的特征工程的方法。

人工智能（artificial intelligence，AI）成功应用于分子性质预测能够对新药研发过程产生巨大影响，因为不论是评估分子还是生成分子，都需要用到分子的性质。在分子性质预测领域使用深度学习算法的前提是找到合适的分子表示方法。由于分子可以用图来表示（分子图），因此近些年来基于图神经网络（graph neural network，GNN）的方法受到了普遍关注，并且逐渐流行起来。GNN 是基于图的任务中最有前途的深度学习方法，因为它们在预测分子的量子力学性质、物理化学性质或毒性方面的表现优于传统的机器学习方法。

5.2　分子性质预测模型通用数据集

QM7/QM7b 数据集是基因组数据库（genome database，GDB，这里指 GDB-13）的子集，数据集中含有近 10 亿个稳定的有机分子，每个分子最多含有 7 个重原子。数据集使用二元密度泛函理论确定每个分子最稳定构象和电子特性（原子化能、HOMO / LUMO 特征值等）的三维笛卡尔坐标。在给定稳定构象坐标的情况下，以 QM7/QM7b 为基准的学习方法负责预测这些电子性质。

QM8 数据集也是基因组数据库（GDB-17）的子集，每个分子最多包含 8 个重原子。它来自于最近的一项研究，即对小分子的电子光谱和激发态能量的量子力学建模的研究。数据集使用时密度泛函理论（time dependent density functional theory，TDDFT）、二阶近似耦合团簇（coupled cluster2，CC2）等 3 种不同的方法计算了 2.2 万个样本的 4 种激发态性质。

QM9 是一个全面的数据集，包含 431.4 万个稳定的有机分子，每个分子最多含有 9 个重原子。数据集研究了 GDB-17 数据库一个子集的几何、能量、电子和热力学性质，所有分子均采用密度泛函理论建模。在基准测试中，先将几何属性（如原子坐标）集成到特征中，然后使用这些特征预测其他性质。

上面介绍的数据集（QM7、QM7b、QM8、QM9）是作为量子机器工作（quantum-machine effort）的一部分进行管理的，量子机（quantum-machine）已经处理了一些数据集，以衡量用于量子化学计算的机器学习方法的有效性。

估计溶解度（estimated solubility，ESOL）是一个小型数据集，包含 1128 种化合物的水溶性数据。该数据集经常被用于训练直接从化学结构（如 SMILES 串）预测溶解度的模型。需要注意的是，这里的化学结构不包括原子的空间排列信息，因为溶解度是分子的属性，而不是其特定构象的属性。

自由溶剂化（free solvation）数据集（FreeSolv）提供了水中小分子的水合自由能数据，这些数据由实验或计算产生，其中计算值是由分子动力学模拟产生的，将实验值包括在基准集合中，并使用计算值进行比较。数据集中化合物的子集也被用于样本盲预测挑战（sample blind prediction challenge）。

亲脂性数据集（Lipophilicity）来源于 ChEMBL 数据库，含有 4200 种化合物的辛醇/水分配系数的实验结果。亲脂性是药物分子的一个重要特征，指的是分子在非极性溶剂中的溶解能力，它同时影响膜的通透性和溶解性。

PubChem BioAssay（PCBA）数据库是一个由高通量筛选产生的小分子生物活性数据组成的数据库，包含 40 万个化合物对 128 种生物活性测定数据，常用于对机器学习方法进行基准测试。

多维紫外光数据集包含约 9 万种化合物的 17 项具有挑战性的任务，是专门为验证虚拟筛选技术而设计的。

人类免疫缺陷病毒（human immunodeficiency virus，HIV）数据集来源于药物治疗计划（drug treatment plan，DTP）艾滋病抗病毒筛查，该筛查测试了超过 40 000 种化合物抑制 HIV 复制的能力。对筛查结果进行评估并分为 3 类，即已确认非活动状态（confirmed inactive，CI）、确认活动状态（confirmed active，CA）和已确认中度活跃状态（confirmed moderately active，CM），然后进一步结合后两个标签，使其成为 CI、CA 和 CM 之间的分类任务。

PDBbind（其中 PDB 指 protein data bank，即蛋白质数据库）是一个综合性的数据库，通过实验测量了生物分子的结合亲和力。与其他基于配体的生物活性数据集不同，PDBbind 提供了配体及其靶标的详细 3D 笛卡尔坐标，而其他数据集仅提供配体的结构。蛋白质-配体复合物坐标的可用性允许基于结构的特征化，即了解蛋白质-配体结合的几何形状。另外，使用数据库的"核心"子集作为额外的基准测试目标，可以更仔细地处理数据。由于 PDBbind 数据集中的样本是在相对较长的时间段内（自 1982 年以来）收集的，因此建议使用时间分割模式来模拟该领域的实际发展。

BACE 数据集提供了一组人类 β-分泌酶 1（BACE-1）抑制剂的定量（IC50）和定性（二元标记）结合结果。所有数据都是过去 10 年里科学文献中报道的实验值，部分数据提供详细的晶体结构。在 MoleculeNet 中合并了 1522 种化合物及其 2D 结构和二元标签作为分类任务构建。

血脑屏障渗透（blood brain barrier penetration，BBBP）数据集来自于关于屏障渗透性建模和预测的研究，包含超过 2000 种化合物渗透性特性的二进制标签。作为分隔循环血液和脑细胞外液的膜，血脑屏障可阻断大多数药物、激素和神经递质。因此，屏障的渗透在以中枢神经系统为靶点的药物开发中是一个长期存在的问题。

"21 世纪毒理学"（Toxicology 21，简称 Tox21） 倡议创建了一个测量化合物毒性的公共数据集，包含 8014 种化合物对 12 个不同靶标（包括核受体和应激反应途径）的定性毒性测量数据。此外，该数据集已用于 2014 年 Tox21 数据挑战赛。

ToxCast 数据集与 Tox21 数据集来自于相同的计划，该数据集包含 8615 种化合物 600 多个实验的定性结果，为基于体外高通量筛选的大型化合物库提供毒理学数据。

副作用资源（side effect resource，SIDER）是已上市药物和药物不良反应（adverse drug reaction，ADR）的数据库，包含 1427 种已批准的药物。DeepChem 按照 MedDRA（medical dictionary for regulatory activities，国际医学用语词典）将 SIDER 数据集中药物的副作用分为 27 个系统器官类别。

ClinTox 数据集比较了 FDA（Food and Drug Administration，美国食品药品监督管理局）批准的药物和由于毒性原因未能通过临床试验的药物，包含 1491 种化学结构的两个分类任务：一是分子在临床实验中是否有毒，二是分子是否被 FDA 批准。其中，因毒性原因未能通过临床试验的药物清单来自 ClinicalTrials.gov（AACT）数据库，FDA 批准的药物清单来自 SWEETLEAD 数据库。

5.3　传统机器学习在分子性质预测中的应用

机器学习（machine learning，ML）是人工智能的一个子集，是一门涉及概率论、统计学、计算机算法理论等多领域的学科。机器学习主要有以下十大算法：线性回归（linear regression）、逻辑回归（logistic regression，LR）、决策树（decision tree）、朴素贝叶斯（naive Bayes）、支持向量机（support vector machine，SVM）、K 近邻（k-nearest neighbor，KNN）、K 均值（k-means）、随机森林（random forest，RF）、降维（dimensional reduction）和人工神经网络（artificial neural network，ANN）。随着大数据和人工智能（被称为"第四科学范式""第四次工业革命"）的迅猛发展，机器学习算法的开发与应用规模也在不断扩大，进入了一个快速发展的新阶段，广受国内外研究学者的关注，尤其是人工神经网络，因为具有超强的计算优势，所以可以有效地应用到其他学科领域。

基于学科交叉的创新性和发展潜力等因素，机器学习在互联网、语言文字、视觉图像、金融学、医学和数据科学等领域都有着广泛的应用。近年来，机器学习在化学与化工生产中的应用逐渐增多，与此同时，由于机器学习擅长解决分子计算中分子数量多、空间结构复杂、性质种类多等问题，因此也常常被用于执行分子计算。

计算机化学发展的几个重要阶段如图 5.1 所示。在第一代方法中，标准范例是根据输入的分子结构计算其物理性质，这个过程常借助 Schrödinger 方程（薛定谔方程）等局部优化算法进行计算。第二代方法通过使用全局优化算法建立化学成分（输入）与需要预测的结构和性质（输出）之间的映射。新兴的第三代方法使用具有强大预测能力的机器学习算法计算化合物的成分、结构和性质，前提是有足够多用于训练的样本。不难看出，在第三个阶段中，机器学习对于计算分子的物理和化学性质具有重要的作用和价值，在今后的研究中，机器学习将是计算机化学领域的研究重点之一。

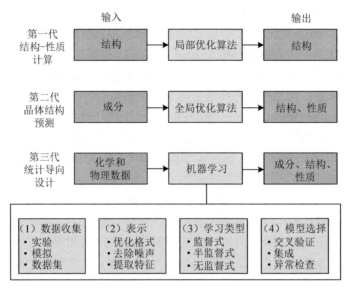

图 5.1　计算机化学发展的 3 个阶段

众多研究表明，机器学习在分子计算领域有着较为突出的应用及前景，它可以大大加快分子与材料的设计、合成、表征以及应用。其具体应用主要有 3 个方面：分子和材料属性的预测、对传统理论计算模拟方法的修正和完善以及与大数据高通量筛选方法相结合。

机器学习在分子科学领域的发展主要是从药物分子的设计和性质的预测开始的。起初，机器学习算法主要用来判断药物分子的毒性。后来，科学家把机器学习从药物分子的应用经验逐渐扩展到分子计算领域，并针对多种化合物分子和不同种类的性质陆续展开了很多研究。这些关于机器学习在分子计算方面的研究，对高能量密度化合物的分子设计与性质预测具有重要的指导意义和参考价值，故在此对一些主要研究进行列举概述。

将机器学习应用于化合物分子性质预测的工作从预测分子的单一性质开始。Rupp 等人[①]引入了一种预测大量有机物分子的原子化能（atomization energies）的机器学习模型，该模型仅基于核电荷和原子的位置就可以预测分子的原子化能。Rupp 等人使用 7000 多种有机分子进行交叉验证，得到的预测值平均值绝对误差仅为 10 kcal/mol，这证明机器学习方法适用于预测分子的原子化能性质的任务。

继而，使用机器学习方法预测化合物分子性质的研究相继开展，计算模型逐渐丰富，计算精度也逐渐提高。之后，最好的机器学习模型将预测误差从 10 kcal/mol 减小到 3 kcal/mol。

后期的工作从预测分子的单一性质逐渐发展到预测分子的多种性质，与此同时，机器

① Rupp M, Tkatchenko A, Müller K R, et al. Fast and accurate modeling of molecular atomization energies with machine learning[J]. Physical Review Letters, 2012, 108(5):058301.

学习模型也更加复杂和智能。通过对 118 000 个有机小分子的 13 种性质进行研究，对比不同输入以及不同的机器学习模型的预测效果，其中 9 种分子性质的预测误差如图 5.2 所示。研究表明，机器学习可以同时预测多种分子性质并保持较小的误差。值得说明的是，该项工作中最好的机器学习模型的预测精度已经超过密度泛函理论（density functional theory，DFT）计算得到的数值，这一结论为机器学习的大规模使用提供了良好的理论基础。

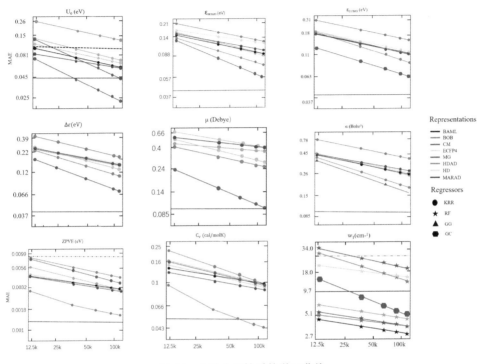

图 5.2　9 种分子性质的学习曲线

除了上述分子性质，有机物的辛烷值（octane number of organic）、无机固体的带隙（the band gap of inorganic solids）、分子内的键能（bond energies）、分子液体的临界性质（critical point properties of molecular liquids）、光合复合物中的激发态动力学（excition dynamics in photosynthetic complexes）和势能面（potential energy surfaces）等分子性质都可以通过机器学习方法，根据分子的结构信息在较小的误差范围内进行计算预测。

综上，使用机器学习预测分子性质的研究主要集中在以下几个方面。

（1）通过不同的分子输入形式（如分子指纹、SMILES 串）从源头输入上减小分子性质预测的误差。

（2）通过不同的机器学习方法和不同的神经网络结构提高分子性质预测的精度。

（3）数据库中分子数量的增多、可预测的性质种类的增加均可以提高预测精度，从而证明机器学习对大量数据具有强大的处理能力。

机器学习在预测分子性质方面的研究为使用机器学习预测高能量密度化合物的性质奠定了基础。同时，高能量密度化合物分子结构的设计和性质预测方法的发展以及相关数据库的公开发表，也促进了机器学习在高能量密度化合物领域的应用。

5.4　基于 SMILES 的分子性质预测模型

分子的 SMILES（simplified molecular input line entry system，简化分子线性输入规范）串是一种简单的编码方式，可以编码分子的所有组成信息和结构信息，因此被广泛应用于化学信息学中来表示一个分子。由于高昂的获取成本，目前有关生物活性的标注数据十分稀缺，这极大地限制了基于 SMILES 的深度神经网络模型的学习与预测能力，导致基于 SMILES 的模型无法达到传统模型与基于分子图的模型的效果。基于此，2021 年 8 月，国防科技大学吴诚堃副研究员、张小琛博士、中南大学曹东升教授以及浙江大学侯廷军教授等人在期刊 *Briefings in Bioinformatics* 上联合发表了文章《基于 SMILES 的药物分子表征深度模型和数据增强策略研究》[①]。

作者从模型与数据两个方面入手，提出了多种增强模型预测能力的策略。在模型方面，作者提出了基于双向长短期记忆（bi-directional long short-term memory，BiLSTM）的注意力网络，网络可以通过 BiLSTM 同时聚合来自 SMILES 串的正向与反向信息，同时利用多层注意力机制高效提取与性质有关的特征。在数据层面，作者使用 SMILES 枚举策略增加训练样本的数量，以提高数据的多样性，如图 5.3 所示。分子的 SMILES 串通常由深度优先搜索分子图得到，由于起始点以及方向不同，同一分子通常有多种 SMILES 分子格式。

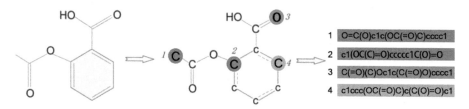

图 5.3　同一分子的多种 SMILES 表征

作者又进一步操作，将 SMILES 枚举策略应用到测试阶段，通过对同一分子的多种 SMILES 串进行预测并融合多个预测结果以获得最终的预测结果，这种测试增强策略有助于纠正预测偏差并提供更可靠的预测。实验结果表明，提出策略可以有效地提高模型预测能力，在 11 项实际分子性质预测任务（包括回归和分类任务）中达到甚至超过了 SOTA（state of the art，最先进）的方法，如图 5.4 所示。

文章也对数据增强的次数进行了研究，分别选择了不增强与增强 5 次、10 次、20 次、50 次和 100 次进行实验，实验结果如图 5.5 所示。通过实验结果可以看出，模型的效果随着增强次数的增加而提高，但是到达一定次数后，模型效果便不再提高，这表明数据增强确实可以提高模型的表现效果，但是当数据增强到一定程度后，模型并不能持续增益。

① Wu C K, Zhang X C, Yang Z J, et al. Learning to SMILES: BAN-based strategies to improve latent representation learning from molecules[J]. Briefings in Bioinformatics, 2021, 22(6): bbab327.

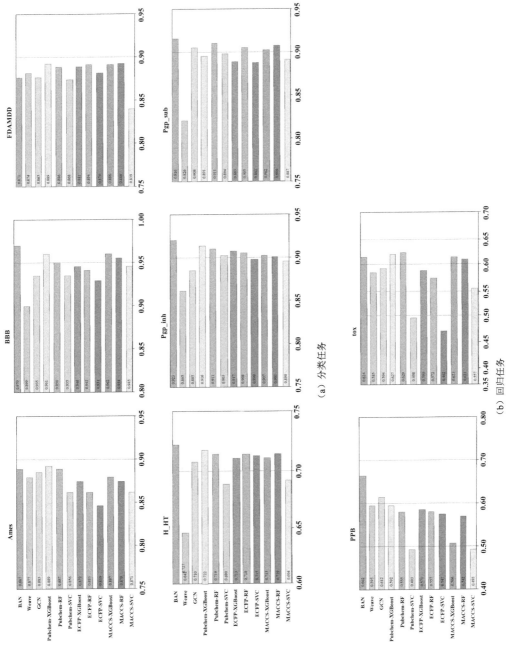

（a）分类任务

（b）回归任务

图 5.4 所提出模型与图神经网络以及基于指纹的机器学习模型的效果对比

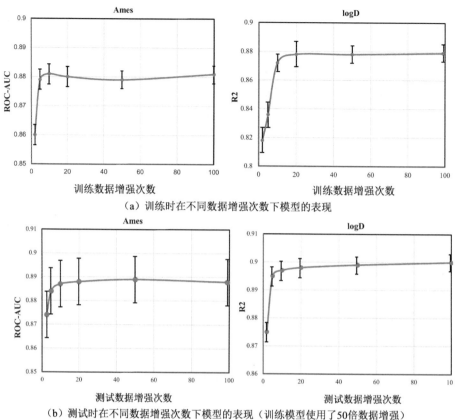

（a）训练时在不同数据增强次数下模型的表现

（b）测试时在不同数据增强次数下模型的表现（训练模型使用了50倍数据增强）

图 5.5　数据增强与模型表现的关系

5.5　基于图的分子性质预测模型

随着图神经网络在药物发现领域越来越强大，许多制药公司开始将这些方法应用到分子性质预测领域。研究人员试图通过收集并分类 60 多种 GNN 来构建这个高度动态的人工智能研究领域，这些 GNN 已经被用在 48 个不同的数据集上来预测 20 多种分子性质。

这 60 多种不同的 GNN 架构被分为 3 种不同的类别，如表 5.1 所示。一个 GNN 变体中存在着几种不同类型的网络，这主要是因为初始阶段选择的初始节点或边不同、聚合阶段选择的聚合函数不同或者对基本特征的添加不同，有些 GNN 除了使用卷积聚合，还使用一些门控输出函数或注意力机制等。

循环图神经网络（recurrent graph neural network，Rec-GNN）和卷积图神经网络（convolutional graph neural network，Conv-GNN）是基于它们的整体传播类型的，而第 3 类是不同的图神经网络架构（distinct graph neural network architecture，Dist-GNN），这个类别由一系列不同的基于图的神经网络架构及其可能的架构添加（如远跳连接、不同的池化方法或注意力机制）组成。

表 5.1　使用图神经网络预测分子性质的方法

图神经网络类别	变　体	方　法	图神经网络名称
卷积图神经网络（Conv-GNN，convolution graph neural network）	空间	图卷积神经网络	ChemNet、GCN、NN4G、CNN、EAGCN、MGE-CNN、AGNN、GFN、GraphSAGE、MxPool、DGCNN、DCNN、Siamese-GCN、3DGCN、ECC、InfoGraph、IterRefLSTM、CapsGNN、GCAPS-CNN、MGN、Deep-LRP、SN-GCN、ExGCN、Att/Gate-GCN、GAT、PotentialNet
		消息传递神经网络	MPNN、SELF-MPNN&E/AMPNN、D-MPNN、DiffPool、MV-GNN、SAMPN、ASGN、GraohNet、DGGNN、RGCN、GSN、OT-GCN、GNN+VN、CCN、GPNN
	谱域		LanczosNet、SpecCONV、RGAT、AGCN、EigenGCN、PIN、SGC、ChebyNet
循环图神经网络（Rec-GNN，recurrent graph neural network）	循环	循环神经网络	UG-RNN、R-GNN、MGCN、IGNN、GGRNet、IGNN、
不同的图神经网络架构（Dist-GNN，distinct graph neural network architectures）	门控循环递归单元		E/AMPNN、DGGNN、MSGG、MT-PotentialNet、GGNN
	长短期记忆网络		IterRefLSTM、attnLSTM、GatedGCN

远跳连接（skip-connection）将第 $t-1$ 层的输入向量 $h_u(t-1)$ 与输出向量 $h_u(t)$ 连接起来（或任何其他类型的乘法），一次只跳过一层。远跳连接在反向传播的步骤中为梯度引入了一个替代流路径，这可以防止梯度消失，从而有利于模型的收敛。

池化（pooling）是一种非线性方法，它可以使用不同的方法来实现。当使用取平均值、取最大值或求和等简单的函数来降低特征向量的维数时，池化层的表现往往会较差，这在较小的图中表现尤其明显，因为单个节点可能对图的整体属性有很大的影响。因此，研究人员为分子图开发了不同的池化策略，如关系池（relationship pool，RP）与图傅里叶变换方法（Fourier transformations approaches）。

注意力机制（attention mechanism）是几乎所有 GNN 结构的另一个重要补充，也可以当作池化操作的一种方法。通过应用注意力机制，GNN 能够在聚合过程中赋予对当前任务贡献较大的节点或边以更高的权重，这就意味着 GNN 在训练阶段可以学习到对当前任务影响更大的节点、边或子结构，因此对预测值的影响也就更大。图上的注意力机制有几种不同的类型，但大多数注意力机制都会计算标准化注意力分数（normalized attention score），其方法如下：

$$S_{u,v}^{(t)} = \rho(F_w^{(t)}([h_u, h_v]))$$

$$\alpha_{u,v}^{(t)} = \frac{\exp(s_{u,v})}{\sum_{v^* \in N(u)} \exp(S_{u,v^*})}$$

$$h_u^{(t+1)} = \rho\left(\sum_{v \in N(u)} \alpha_{(u,v)}^{(t)} h_v^{(t)}\right)$$

超节点（super-node，SN）也称为虚拟节点（virtual node，VN），通过有向边连接到所有其他节点。它不是分子图的一部分，但是可以作为一个辅助模块来收集整个图的信息，这在预测依赖图整体结构的分子性质时尤其有用。有些研究人员将超节点与带有门和注意力机制的 MPNN[①] 相结合来预测分子的性质，这样就可以通过更长的距离传输信息。

Weisfeiler-Lehman 图神经网络（Weisfeiler-Lehman graph neural network，WL-GNN）是试图解决图同构问题的神经网络的变体，WL-GNN 试图通过将 WL 层融入 GNN 中来解决图同构问题。WL 算法可以区分不同类型的图形结构，以确定它们的拓扑结构是否相同。与 GNN 相似，WL-test 也可以通过聚合邻居节点的特征向量来迭代更新给定的特征向量，但对于同构图来说，使用 GNN 编码后得到的 embedding 不同，而使用 WL-test 编码后得到的 embedding 相同，即 WL-test 得到的 embedding 是一个从原图的单射。WL-test 基于目标图中的节点进行迭代更新和重新着色，直到稳定，当两个图形具有相同的颜色时，它们被认定为是同构的。

因为分子图是无向的、未加权的，并且大多是异构的，所以目前存在几种不同的 GNN 训练策略。根据节点分类、边分类、图分类、链接预测或图回归等不同的任务类型与数据量的大小，可以选择监督学习（supervised learning，SL）、无监督学习（unsupervised learning，UL）、半监督学习（semi-supervised learning，SSL）与强化学习（reinforcement learning，RL）等多种不同的方式进行训练。

循环图神经网络（Rec-GNN）是最早用于分子性质预测的图神经网络，Rec-GNN 与卷积图神经网络（Conv-GNN）的主要区别是信息的传播方式，Rec-GNN 使用相同的权重矩阵以迭代的方式进行更新，直至平衡，而 Conv-GNN 在每个时间步长 t 上应用不同的权重，如图 5.6 所示。

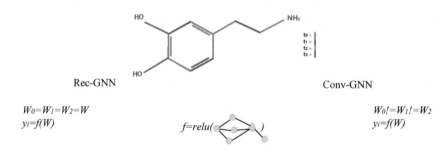

图 5.6 Rec-GNN 与 Conv-GNN 的更新方式

研究人员研究了不同类型的分子性质以及用于预测它们的 GNN，并将 48 种不同的数据集分成近 20 种不同的分子性质。

其中，量子力学性质有 3 种，即坐标、能量和包含 6 个数据集的部分电荷。由于 QM7、QM8、QM9 等数据集可被轻松访问，因此研究人员使用 13 种不同的 GNN 结构对分子进行量子力学性质预测。此外，QM 类别中的大多数网络都可以在卷积图神经网络这一类别中

① Gilmer J, Schoenholz S S, Riley P F, et al. Neural message passing for quantum chemistry[J]. In International Conference on Machine Learning , 2017: 1263-1272.

找到。

物理化学性质有 10 种，即水溶性、极性表面积、生物利用度、溶解度、代谢稳定性、沸点和熔点、疏水性、溶剂化自由能、被动膜通透性与血脑通透性，其中最重要的性质是水溶性。在预测物理化学性质这一类别的网络中，大多数是 Conv-GNN，在该类别的 21 种 GNN 架构中，有 13 种以上使用了基于 GCN 的方法。

生物物理学性质有 3 种，即亲和力、功效和活性，其中活性是一个非常模糊的类别，因此包含活性这一性质的数据集解释空间较大。从架构的角度来看，该类共有 58 种网络结构，包含表 5.1 中几乎所有的 GNN，其中基于卷积图神经网络的架构有 21 种，基于循环图神经网络的架构有 7 种。

生物效应类别包含 3 种分子性质，即副作用、毒性和 ADMET。在该类别中，Tox21 数据集与 MUTAG 数据集已成功用在 24 种 GNN 结构中，ClinTox 数据集已成功用在 12 种 GNN 结构中，ToxCast 数据集与 PTC 数据集已成功用在 35 种 GNN 结构中。

在这项研究中，研究人员回顾了 63 篇论文，根据其底层架构对多种不同的 GNN 方法进行了分类，并对近 20 种分子性质类别进行了全面的概述。最后，研究人员得出了这样的结论：GNN 在药物发现领域，尤其是在分子性质的预测方面，发展非常迅速，有较为广阔的发展前景。

5.6　基于元学习的分子性质预测模型

在新药研发过程中，虚拟筛选是一种常用的方法，它可以帮助研究人员在新药研发初期筛选可能失效的分子，避免对大量分子进行研究，因此可以节省人力和物力。在这个过程中，深度学习（deep learning，DL）发挥着重要的作用。深度神经网络（deep neural network，DNN）在训练阶段接收的数据越多，了解的分子性质就会越全面，因此只有当训练数据足够多时，深度学习模型才能达到令人满意的性能。然而，通常只有少数已知分子具有相同的性质。Guo 等人分析了 MoleculeNet①中的数据集，发现只有不到 100 个分子具有超过一半的相同性质，这严重损害了深度学习方法的性能。

因此，研究人员有必要开发一种深度神经模型，以便在可用数据较少时准确预测分子性质。要实现这一目标，需要克服以下几个挑战。

（1）因为在分子性质预测领域有标记样本数量有限，所以需要一个可以从少量数据中发现有效分子表示的深度神经网络。

（2）利用分子数据中有用的未标记信息，进一步开发一种有效的学习程序来转移其他性质预测的知识，使模型能够快速适应新数据中有限的分子性质。此外，不同的分子性质可能代表完全不同的分子结构，因此它们的数据在知识迁移过程中应该被区别对待。

---

① Wu Z, Ramsundar B, Feinberg EN, et.al. MoleculeNet: a benchmark for molecular machine learning[J]. Chemical Science, 2018, 9(2):513-530.

（3）在学习过程中给予不同的分子性质以不同的重要性。

针对以上问题，Guo 等人想到了使用 FSL（few-shot learning，小样本学习）的方法。在计算机视觉和图学习等各种应用领域中，FSL 方法取得了巨大成功，其中有两类小样本学习方法应用广泛，即基于度量的小样本学习方法与基于优化的小样本学习方法。

其中，基于度量的方法考虑输入数据的相似性，分析并生成两个样本之间的相似性得分，基于标记数据对未标记数据进行分类。例如，Vinyals 等人[1]提出了匹配网络，将未标记样本与少量标记样本进行匹配，将整个分析过程简化到注意力的计算过程中，如果某个类别注意力得分比较高，那么测试样本属于这个类别的可能性就比较大；Sung 等人[2]提出了关系网络，通过构建神经网络来计算两个样本之间的距离，从而分析匹配程度，关系网络可以看作一个可学习的非线性分类器。

基于优化的方法没有使用外部度量指标，取而代之的是模型不可知（model-agnostic）方法，即使用随机梯度下降（stochastic gradient descent，SGD）定义一个所有模型都通用的优化算法，通过该算法，所有的类都得到了优化。例如，Finn 等人[3]提出了 MAML，MAML 是一个用来找初始化参数 θ 的方法，对于每一个任务 T_i，θ 只需要优化一步或者几步就可以变成适应当前任务的 θ_i，并且在新任务上表现非常好。

Guo 等人[4]将分子性质预测问题转化为小样本学习问题，利用各种性质的丰富信息来解决单独的性质数据匮乏的问题，并在 MAML 的基础上提出了 Meta-MGNN——一种基于元学习的分子性质预测模型。Meta-MGNN 使用 GNN 学习分子的表示，并在优化模型时使用了元学习框架。为了利用未标记的分子信息并解决不同分子性质的任务异质性问题，Meta-MGNN 进一步将基于键和原子的自监督学习任务与任务感知注意力机制加入模型当中，增强了模型的学习能力。在两个公共多属性数据集上进行的大量实验表明，Meta-MGNN 优于各种最先进（SOTA）的方法。

一般来说，预训练能够让模型学习到通用的表示，从而得到更好的初始化参数，避免在仅有少量训练数据的下游任务上过拟合。有实验证明，有预训练的模型比没有预训练的模型性能更好，因此 Guo 等人利用图神经网络预训练技术 PreGNN[5]来获得网络的初始化参数。

Meta-MGNN 的目的是通过学习得到对于不同任务都具有良好特性的初始化参数 θ，其总框架如图 5.7 所示。

① Vinyals O, Blundell C, Lillicrap T, et al. Matching networks for one shot learning[J]. Advances in Neural Information Processing Systems, 2016, 29, 3630-3638.

② Sung F, Yang Y, Zhang L, et al. Learning to compare: Relation network for few-shot learning[J]. In Proceedings of the IEEE Conference on Computer Vision and Pattern Recognition,2018: 1199-1208.

③ Finn C, Abbeel P, Levine S. Model-agnostic meta-learning for fast adaptation of deep networks[J]. In International Conference on Machine Learning, 2017: 1126-1135.

④ Guo Z, Zhang C, Yu W, et al. Few-Shot Graph Learning for Molecular Property Prediction[J]. In Proceedings of the Web Conference, 2021: 2559-2567.

⑤ Guo Z, Yu W, Zhang C, et al. GraSeq: graph and sequence fusion learning for molecular property prediction[J]. Proceedings of the 29th ACM International Conference on Information & Knowledge Management, 2020: 435-443.

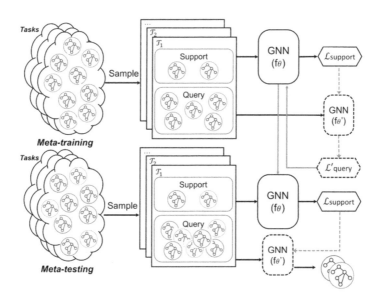

图 5.7 Meta-MGNN 的总框架

在元训练部分，对所有的训练任务执行如下操作：对一批训练任务进行抽样，取 k 个做支撑集，其余做询问集。将支撑集中的样本输入由 θ 参数化的 GNN 中，计算损失 L_{support}，并将参数 θ 更新为 θ'；然后将询问集的样本输入由 θ' 参数化的 GNN 中，计算损失 L'_{query}，并更新 θ。

在元测试部分，对所有的测试任务执行如下操作：对一批测试任务进行抽样，取 k 个做支撑集，其余做询问集。模型利用优化后的初始化参数 θ 对新的任务在支撑集上进行学习，并将 θ 更新为 θ'，然后在询问集上测试，得到预测值。

将 θ 更新为 θ' 时，采用的是梯度下降的方法，α 是学习率，即：

$$\theta'_\tau = \theta - \alpha \nabla_\theta L_{T\tau}(\theta)$$

总损失 $L_{T\tau}$ 由 3 部分组成，分别是分子性质预测损失、键重构损失与原子类型预测损失，表示为：

$$L_{T\tau}(\theta) = L_{\text{node}}(\theta) + \lambda_1 L_{\text{edge}}(\theta) + \lambda_2 L_{\text{label}}(\theta)$$

其中 λ_1 与 λ_2 是控制不同损失重要性的权衡参数。

下面分别介绍这 3 部分损失。

1. 分子性质预测损失

分子性质预测损失被定义为预测值与实际值之间的交叉熵损失，k 是样本数量，即：

$$L_{\text{label}}(\theta) = -\frac{1}{k} \sum_{i=1}^{k} \text{CROSSENTROPY}(y_i, \hat{y}_i)$$

2. 键重构损失

为了在分子图中进行键重构，研究人员首先对一组正边（现有边）进行采样，然后通过选择在原始分子图中没有边的节点对构成负边（不存在的键）进行采样，将 ε_s 表示为边的集合，其中包含 5 条正边和 5 条负边。键重构损失用来预测两个原子之间是否由键相连，它被定义为真实的键与预测的键之间的二进制交叉熵损失，即：

$$L_{\text{edge}}(\theta) = -\frac{1}{|\varepsilon_s|} \sum_{e_{uv} \in \varepsilon_s} \text{BINARYCROSSENTROPY}(e_{uvi}, \hat{e}_{uv})$$

3. 原子类型预测损失

在一个分子中，不同的原子以某种方式（如碳-碳键、碳-氧键）连接，这导致了不同的分子结构。原子类型决定了分子图中的节点如何与相邻节点连接。因此，研究人员利用节点（原子）的上下文子图来预测其类型，即：

$$\hat{v}_i = \text{MLP}(\text{MEAN}(\{h_u : u \in N_1(v)\}))$$

$$L_{\text{node}}(\theta) = -\frac{1}{|V_c|} \sum_{i=1}^{|V_c|} \text{CROSSENTROPY}(v_i, \hat{v}_i)$$

其中，键重构与原子类型预测属于自监督模块，如图 5.8 所示，左侧虚线部分为两个原子的取样，然后使用 GNN 预测它们之间是否存在键；中间虚线圈出部分为随机屏蔽几个原子，然后使用 GNN 顶测它们的类型。

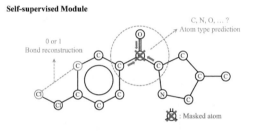

图 5.8　键重构与原子类型预测

随后，当 query set 中的任务输入 θ' 参数化的 GNN 中时，研究人员使用任务感知注意力来对 θ 进行更新。此外，研究人员还设计了自注意力层来计算每个任务的权重，然后将其合并到元训练过程中以更新模型参数 θ，如图 5.9 所示。

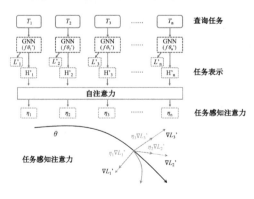

图 5.9　任务感知注意力

最后，研究人员将基于元学习的模型与其他先进的模型在两个公共多属性数据集上进行大量实验，结果表明 Meta-MGNN 的效果最佳，如表 5.2 所示。

表 5.2　Meta-MGNN 与其他模型的结果对比

Dataset	task	GraphSAGE (2017)	GCN (2017)	MAML (2017)	Seq3seq (2018)	EGNN (2019)	PreGNN (2020)	Meta-MGNN	AUC
					1-shot				
Tox21	SR-HS	65.97	65.00	68.56	73.18	72.51	73.09	73.81	+0.63
	SR-MMP	71.23	71.2	76.34	79.08	76.90	76.20	79.09	+0.01
	SR-p53	58.05	66.60	71.28	75.23	78.03	76.87	88.71	−0.32
	Average	65.10	67.60	72.06	75.83	75.81	75.39	76.87	+1.04
Sider	Si-T1	65.23	63.06	66.82	66.50	71.39	73.04	75.41	+2.37
	Si-T2	60.47	62.01	63.62	57.03	67.87	66.06	69.29	+1.52
	Si-T3	61.45	64.52	67.50	61.38	68.23	70.36	70.65	+0.29
	Si-T4	64.41	65.28	69.02	3.45	72.67	72.34	72.69	+0.02
	Si-T5	77.85	74.95	77.02	74.83	78.88	77.99	79.95	+1.07
	Si-T6	61.19	63.20	67.01	63.70	66.32	69.45	71.97	+2.52
	Average	65.10	65.60	68.51	64.48	70.89	71.54	73.34	+1.80
					5-shot				
Tox21	SR-HS	69.09	68.13	69.02	74.70	73.23	73.39	74.80	+0.73
	SR-MMP	72.22	69.06	76.43	80.40	79.07	78.25	80.26	−0.14
	SR-p53	61.45	72.01	73.95	77.07	78.12	78.01	79.00	+0.88
	Average	67.59	69.73	73.13	77.18	76.81	76.55	78.02	+0.84
Sider	Si-T1	67.61	65.66	70.1	68.99	72.76	74.77	76.32	+1.55
	Si-T2	59.86	64.62	64.46	56.53	68.13	65.69	69.34	+1.21
	Si-T3	60.61	64.90	68.20	64.20	70.11	71.07	72.29	+1.22
	Si-T4	64.82	4.85	67.75	67.15	72.73	73.42	74.46	+1.04
	Si-T5	78.33	76.93	78.61	78.55	79.61	78.67	81.79	+1.12
	Si-T6	61.91	62.06	67.74	66.30	67.17	71.48	74.12	+2.64
	Average	65.52	66.50	69.48	66.95	71.75	72.85	74.12	+1.87

5.7　总　　结

自从 19 世纪 60 年代引入定量构效关系（quantitative structure-activity relationship，QSAR）以来，计算预测模型在新药研发领域已经得到广泛应用，研究人员也一直在探索新算法，但自从 SVM 和 RF 被提出以来，这一领域并没有取得太大进展。

我们认为，深度学习一直都是最有前途的技术，它为超越当前最先进的技术带来了希望。随着数据量的丰富与人工智能的发展，深度学习也出现了多个分支，如多任务学习、迁移学习与联邦学习等。

　　基准实验可以用来评估新方法的性能实际改进了多少，在这样的背景下，更应该强调公平的基准实验的重要性。如果没有合适的基准实验，任何比较和结论都有可能出错，从而阻碍这个领域的进步。

　　另外，数据的数量与质量在智慧制药中起到了关键的作用，这决定了最终模型的质量。尽管迁移学习与联邦学习从一定程度上增加了可用数据，但也不能满足实验数据的需要。

　　更多参考文献请扫描下方二维码获取。

第 6 章　智能分子生成

6.1　概　　述

在人类和疾病漫无止境的斗争中，新药研发越来越重要，特别是在这次发生新冠肺炎疫情的背景下。然而，新药研发面临着各种各样的困难，如耗时、耗力、代价高昂与失败率高等。据统计，一个药物周期从临床前靶标筛选到最终上市平均耗时约 13.5 年，研发一款新药大约耗费 18 亿美元。药物发现的困难之一是分子可搜索化学空间的庞大性和离散性，具体而言，类药性化合物可能的结构空间可达 $10^{23}\sim10^{60}$，而其中只有 10^8 是与治疗相关的。传统的计算方法，如高通量筛选，由于资源数量的局限性以及代价高昂和最终发现分子数量较少而效率低下。近年来，大数据和计算能力逐步发展，人工智能在一些任务上的表现可以与人类媲美甚至超过人类，并且比传统的计算方法更有效。随着人工智能与深度学习的广泛应用，深度学习成为药物研发的一种潜在手段。一些实验结果表明，深度学习将是未来药物研发的主流方法。

深度学习起源于 19 世纪 50 年代，用于模式识别中的感知机，旨在学习数据内部的分布机制和表示。深度学习这一概念由 Hinton 等人[1]在 2006 年正式提出，随后便迎来了深度学习的热潮。在 ImageNet 图像识别比赛中，由 Hinton 带领的队伍构建的 CNN 网络 AlexNet[2]结合 ReLU 激活函数从根本上解决了梯度消失的问题，并一举夺得冠军，深度学习再次声名鹊起。2016 年，AlphaGo[3]的成功证明了机器超越人类的可能。如今，深度学习已经成功应用于计算机视觉和自然语言处理等领域。目前，深度学习模型可划分为判别模型和生成模型，其中判别模型能够在有限样本的条件下实现分类，并且能清晰分辨类别之间的特征差异；生成模型则是对数据的先验概率建模，表示同类数据的相似性。

深度生成模型能从给定样本（包括图像、文本和视频）中生成新数据。计算机中分子的表示类似于自然语言处理中文本和社交网络的图，因此我们可以很自然地将此类模型扩展到药物发现领域的从头分子设计中。与使用判别模型筛选数据库并将分子分类为活性或非活性不同，深度生成模型更侧重于从头开始设计具有目标特性的新分子。2016 年，Gómez 等人开创了利用深度生成模型进行自动分子设计的先河。近年来，大量深度生成模型致力于开展从头分子设计，它们主要遵循两种基于计算机的分子表示的策略：第一种策略侧重于用 SMILES 序列表示分子，它利用深度生成模型和 SMILES 序列来生成分子；另一种策

① Hinton GE, Salakhutdinov RR. Reducing the dimensionality of data with neural networks. Science 2006; 313(5786): 504-7.

② Krizhevsky A, Sutskever I, Hinton G. ImageNet classification with deep convolutional neural networks[J]. Communications of the ACM, 2017, 60(6): 84-90.

③ Silver D, Schrittwieser J, Simonyan K, et al. Mastering the game of Go without human knowledge[J]. Nature, 2017, 550(7676): 354-359.

略是将分子编码为图，以学习分子的聚合信息（如键特征和原子）。因此，可以将这些典型模型分为两类，即基于 SMILES 的模型和基于分子图的模型。

这里我们主要关注药物发现领域中的深度分子生成模型。首先介绍分子的表示方法，总结了常用的分子数据库及它们的优缺点，然后总述生成模型的最新进展，指出药物发现中的数据和深度学习方法中仍然存在的一些挑战。

深度生成模型自提出以来便掀起了新的研究热潮，这些模型的共同特点是利用神经网络来学习数据的分布，从而模拟数据生成的过程，这些数据包括图像、视频和文本。在过去的几年中，深度学习模型在药物发现领域表现出优异的性能，特别是在分子生成领域。本章聚焦分子生成中的深度生成模型在近些年发生的变革，为了使脉络更加清晰，这些模型将根据分子在计算机中的表示形式分为基于一维序列 SMILES 的表示和基于二维分子图的表示。为了促进自动分子生成领域的发展，我们将指出目前利用深度生成模型进行从头分子设计所面临的问题和挑战。

6.2　生成模型通用数据集

深度学习中模型训练依赖于数据，因此在这里我们重点关注从头分子设计中涉及的数据库。具体来说，我们将典型分子生成模型中涉及的数据库分为以下几类。

第一类是综合数据库，通常包含生物活性、化学结构和物理性质等多种信息，包括 ZINC、ChEMBL、PubChem 和 DrugBank。其中，DrugBank 中的药物数据字段可以链接到其他数据库（如 PubChem）。第二类是组合数据库，这些数据库组合并筛选现有数据库的分子数据集，不仅用于生成分子，还作为基准来验证各种机器学习方法的性能，如 MOSES 平台通过一定规则筛选 ZINC，将最终的数据集分为训练集、验证集和测试集 3 组，以保证分子的多样性。还有一些用于特定任务的数据库，用于药物发现相关的其他任务，如具有基因表达谱的 L1000 CMap、用于学习光伏潜在结构的 CEPDB 等。最后一类是化学空间数据库，它们以类似枚举化学空间的方式包含特定原子组成的化合物。例如，从 GDB 数据库中抽取的 QM 数据库包含由 C、H、O、N、F 组成的分子及其量子化学性质。从头分子设计常用数据库的具体描述（包括迄今为止这些数据库中包含的化合物数量、网址等）如表 6.1 所示。

表 6.1　常用数据库

数　据　库	相　关　描　述	数　量	网　址
ZINC	用于虚拟筛选的免费商业化合物数据库	>750000000	http://zinc15.docking.org/
ChEMBL	管理和编辑具有类似药物特性的生物活性分子	1961462	https://www.ebi.ac.uk/chembl/
QM9	具有包含最多 9 个原子的 4 种不同类型的有机小分子	134000	http://quantum-machine.org/datasets/#qm9

续表

数　据　库	相　关　描　述	数　　量	网　　址
PubChem	具有最大和自由化学信息的独特结构	103278272	https://pubchem.ncbi.nlm.nih.gov/
ExCAPE-DB	结合了 PubChem 和 ChEMBL	997992	https://solr.ideaconsult.net/search/excape/
GDB-13	化学通用数据库	977468314	http://gdb.unibe.ch/downloads/
GDB-17	化学通用数据库	50000000	http://gdb.unibe.ch/downloads/
MEGx	来自植物和微生物的天然产物	>4200	https://ac-discovery.com/purified-natural-product-screening-compounds/
DrugBank	具有生物信息学和化学信息学资源	13643	https://www.drugbank.ca/
MOSES	从 ZINC 数据库中提取分子的基准数据集，仅具有类似药物的特性	4591276	https://github.com/molecularsets/moses
CEPDB	哈佛清洁能源项目数据库	2300000	http://www.molecularspace.org/explore/
L1000	主要包含基因表达谱	32855	http://www.lincscloud.org/l1000/

6.3　基于 SMILES 的生成模型

　　强大的深度学习技术推动了生成模型的发展。在对真实数据进行训练后，生成模型能够生成与给定样本相似的合成数据，而深度生成模型要解决的一个核心问题是如何学习未知数据的分布并揭示其内部隐藏结构。其中一种方法是学习数据表示。在从头分子设计领域，一个较好的数据表示应该能从当前的数据表征形式转换为分子。分子的 SMILES 表示简单易懂，易于被深度学习模型学习。这里我们将介绍基于 SMILES 的分子生成模型，并将其进一步分为基于变分自编码器（Variational AutoEncoder，VAE）[①]、生成式对抗网络（Generative Adversarial Nets，GAN）[②]和循环神经网络（Recurrent Neural Network，RNN）[③]的模型。

6.3.1　基于 VAE 的分子生成模型

　　VAE 包含一个编码器和一个解码器，编码器将离散数据映射到一个连续的潜在空间向量，解码器负责将潜在空间向量重构回化学上有效的 SMILES。基于 VAE 的模型旨在最大化证据下界，即最小化近似后验与真实后验的 KL 散度。VAE 的潜在空间可以用于控制分子的特定属性。VAE 的属性保证了它在训练过程中是稳定的，但是 VAE 本身也存在一些缺点，如重建训练集限制了在未知化学空间中探索的能力。

---

① Kingma D P, Welling M. Auto-encoding variational bayes[J]. arXiv,2013, 1312.6114.

② Goodfellow I, Pouget-Abadie J, Mirza M, et al. Generative adversarial nets[J]. Communications of the ACM, 2020, 63(11): 139-144.

③ Irsoy O, Cardie C. Deep recursive neural networks for compositionality in language[J]. Advances in Neural Information Processing Systems, 2014, 27.

Gómez 等人[①]首先提出了由编码器、解码器和预测器组成的 CVAE 模型。CVAE 模型是一种探索分子空间的新方法，无须先验知识即可手动构建化合物数据库。同时，该模型捕捉到了分子的特征，因此表现出良好的预测能力。该模型首先使用核密度估计来学习并捕捉分子的相关特征，然后学习连续的潜在空间向量，优化分子的特定属性，使用基于梯度的方法来有效地指导搜索化学空间，通过加入多层感知机和编码器的联合训练任务，保证分子性质的预测能力。在训练过程中，一个较为巧妙的方法是使用高斯过程来达到具有目标属性的点。CVAE 作为自动分子生成模型的先驱，开拓了分子设计的新方向。但是我们认为，由于 SMILES 的非唯一性，并非该模型中所有潜在空间向量都可以转换回原始空间，对于这种情况，一种方法是为模型提供关于如何产生有效分子的明确限制。例如，GVAE 将 SMILES 的语法产生规则加入模型中，研究人员将 SMILES 这种离散文本数据利用上下文无关语法直接表示为解析树，解码器通过按顺序学习这些规则来生成有效的输出。这种构建解析树的做法还可以让模型扩展到其他文本表示的学习中。Dai 等人[②]认为 GVAE 缺乏语义和结构信息，如生成的环键应该是紧闭的，但这些额外的结构约束的加入可能会导致不必要的计算和时间浪费。受属性文法的启发，Dai 等人建议将随机惰性链接引入属性语法，从而实现即时生成的语法和语义检查指导。

6.3.2　基于 GAN 的分子生成模型

在近几年中，使用生成式对抗网络（generative adversarial network，GAN）生成特定具有所需属性的新分子也有了不错的进展，尤其是 GAN 和强化学习的结合。GAN 包括一个具有模仿真实样本能力的生成器及一个最大程度区分生成器的输出和实际训练样本的判别器，它的最终目标是让判别器无法判断生成器的输出是否为假。由于 GAN 的博弈式训练的不稳定性，随后研究人员提出了一些变体，如 wassertein GAN（WGAN）[③]。WGAN 结合了推土机（earth-mover）距离，反映了在最优规划下获得更平滑梯度的最低成本。WGAN 不仅缓解了训练不稳定的问题，而且评估了可靠的生成模型以避免模式崩塌。

ORGAN[④]是一个基于文本生成的 SeqGAN 的模型，在 WGAN 的框架下加入强化学习，用强化学习模型代替生成器。生成器的更新依赖于判别器和特定目标属性的惩罚，并且加入了额外的惩罚项以避免模式崩塌。ORGANIC[⑤]是 ORGAN 的改进版，实现了针对特定属性的条件分子生成。

① Gómez-Bombarelli R, Wei J N, Duvenaud D, et al. Automatic chemical design using a data-driven continuous representation of molecules[J]. ACS Central Science, 2018, 4(2): 268-276.

② Dai H, Tian Y, Dai B, et al. Syntax-directed variational autoencoder for molecule generation. In: International Conference on Learning Representations, 2018.

③ Arjovsky M, Chintala S, Bottou L. Wasserstein generative adversarial networks[C]. International Conference on Machine Learning. PMLR, 2017: 214-223.

④ Guimaraes G L, Sanchez-Lengeling B, Outeiral C, et al. Objective-reinforced generative adversarial networks (ORGAN) for sequence generation models[J]. arXiv, 2017, 1705.10843.

⑤ Sanchez-Lengeling B, Outeiral C, Guimaraes G L, et al. Optimizing distributions over molecular space[J]. An Objective-reinforced Generative Adversarial Network for Inverse-design Chemistry (ORGANIC), 2017.

除了将 GAN 和强化学习结合，许多研究将 GAN 和变分自编码器（variational auto-encoder，VAE）结合起来以降低 GAN 的不稳定性，如 Prykhodko 等人提出的 latentGAN[①]，它结合了变分自编码器和 GAN。先前的实验表明，同一分子的不同的 SMILES 表示会被编码到相同的潜向量中，这在一定程度上减轻了规范 SMILES 引发的过拟合。与已提出的基于 GAN 的模型相比，latentGAN 由异质编码器和解码器组成，可将 SMILES 的不同表示转换为潜向量。显然，生成器和判别器的输入不是SMILES，而是潜向量。另一个例子是以与 GVAE 结合的基因表达特征为条件的 stacked GAN，Lucio 等人使用转录组数据作为获得所需靶标的活性样分子的条件。在此模型提出之前，缺乏考虑配体-靶标相互作用以产生具有所需生物活性的分子的有效方法。

6.3.3　基于 RNN 的分子生成模型

对于 VAE 模型来说，在没有额外约束的情况下极有可能生成化学上无效的分子。而语言模型可以在语法和语义级别自动提取信息，因此 RNN 也是近年来分子生成的一个不错选择。RNN 能够通过节点网络中的循环单元捕获序列的动态信息，可以轻松处理由序列组成的输入和输出。由于原始 RNN 在训练上存在困难，人们对网络架构进行了一些改进，如长短期记忆单元（long short-term memory，LSTM）和门控循环单元（GRU）。LSTM 增加了替代传统单元的记忆单元，解决了 RNN 训练遇到的困难。GRU 的简单性适合构建更大的网络，因为它的参数量更小。

因为 SMILES 是一维序列，所以可以将分子生成任务类比于自然语言处理任务。Segler 等人通过将迁移学习和 RNN 结合，从大规模数据集中采样，确保了分子的多样性，再针对特定靶标数据进行微调，增强了分子的针对性，但是该模型具有缺乏可解释性的缺点。此外，Zheng 等人[②]建立了一个包含立体化学特性的准生物化合物库。除了融合迁移学习，Moret 等人[③]提出一种名为化学语言模型（CLM）的计算模型，通过结合 3 种优化方法（数据增强、温度采样和迁移学习），在化学空间的指定区域设计新分子。

将生物活性合成化合物与天然产物联系起来为药物发现提供了灵感，并且可以在一些数据量较小的天然产物上获得较好的效果。条件生成模型也是目前较为流行的分子生成模型，它利用额外的信息来指导分子设计。例如，分子描述符的理化性质被纳入基于 RNN 的模型，这比传统方法更有利于生成特定属性的分子。

如上所述，与随机 SMILES 相比，规范 SMILES 形式创建有效并具有语义结构的大型化学空间的能力较低。研究者进行了 20 亿次替换采样，并探索了 GDB-13 中 SMILES 的 3 种不同变体以证明该假设。此外，不同的单元架构（LSTM、GRU）和训练集大小（1 000 000，10 000 和 1000）都是影响性能的因素。实验表明，LSTM 在 100 万个随机 SMILES 上表现

① Prykhodko O, Johansson S V, Kotsias P C, et al. A de novo molecular generation method using latent vector based generative adversarial network[J]. Journal of Cheminformatics, 2019, 11(1): 1-13.

② Zheng S, Yan X, Qiong G, et al. QBMG: quasi-biogenic molecule generator with deep recurrent neural network. J Chem 2019; 11(1): 1-12.

③ Moret M, Friedrich L, Grisoni F, et al. Generative molecular design in low data regimes. Nature Machine Intelligence 2020;2(3): 171-80.

出了最先进的性能。此外，传统的 RNN 总是以正向方式（从左到右）生成分子。受双向 RNN[①]、SMILES 的非单一性和非方向性的启发，交替学习 BIMODAL[②]产生了。BIMODAL 参考了神经自回归分布估计器（NADE）[③]，通过在两个方向上读取前后标记来重建丢失的信息，以及同步前向和后向 RNN（FB-RNN），向前和向后生成 SMILES。BIMODAL 通过在奇数位置向前和在偶数位置向后交替预测序列。由于 BIMODAL 中两个生成方向的限制，Arús 等人提出根据给定的骨架生成分子。具体来说，该模型利用切片算法来获得具有随机 SMILES 表示的骨架集，然后将部分构建的分子一次或多次装饰在一个连接点上。

由于 SMILES 被视为文本字符串，自然语言处理中的大量模型都能够扩展到从头分子设计领域。例如，在未来的研究中，可以将所需特性的分子生成视为一种翻译，它可以从特定的目标语言（蛋白质序列）翻译成 SMILES 语言。值得注意的是，尽管基于 SMILES 的分子生成模型逐年增加，但仍然存在一些亟待解决的问题。它不仅面临有效性问题，SMILES 的非结构化性质也使得两个相似的分子极有可能完全不同。强制将有效性约束合并到解码器中的代价是高昂的，这需要设计具有更多结构信息的新颖表示。

6.4　基于图的生成模型

基于图的深度分子生成模型一直是研究的热门趋势，具有较好的药物发现前景。近几年，在分子图生成领域有许多表现很好的工作：VAE 模型首先在 SMILES 上取得成功，然后扩展到了子图设计上；Gómez 等人也认为应该进一步探索基于图的表示方法。此外，随着图神经网络的普及，基于图的模型也在从头分子设计中发挥主导作用。

6.4.1　基于 VAE 的分子生成模型

基于 VAE 的分子生成模型中，具代表性的工作之一是 JT-VAE[④]。JT-VAE 将分子的子结构（包括环、官能团和原子）视为整体，通过从训练集中分解分子，将整个过程分为两个阶段：首先将有效的子结构及其排列表示为树，然后通过在相交子结构之间添加边将整个树集成到图中。JT-VAE 在分子重建和 logP 得分上优于包括 CVAE、GVAE、SD-VAE[⑤]和 GraphVAE[⑥]在内的模型，同时，JT-VAE 能够百分之百生成有效的分子。此结果又一次证

---

① Schuster M, Paliwal K K. Bidirectional recurrent neural networks[J]. IEEE transactions on Signal Processing, 1997, 45(11): 2673-2681.

② Grisoni F, Moret M, Lingwood R, et al. Bidirectional molecule generation with recurrent neural networks[J]. Journal of Chemical Information and Modeling, 2020, 60(3): 1175-1183.

③ Berglund M, Raiko T, Honkala M, et al. Bidirectional recurrent neural networks as generative models[J]. Advances in Neural Information Processing Systems, 2015, 28.

④ Jin W, Barzilay R, Jaakkola T. Junction tree variational autoencoder for molecular graph generation[C]. International Conference on Machine Learning. PMLR, 2018: 2323-2332.

⑤ Dai H, Tian Y, Dai B, et al. Syntax-directed variational autoencoder for molecule generation[C]. Proceedings of the International Conference on Learning Representations, 2018.

⑥ Simonovsky M, Komodakis N. Graphvae: towards generation of small graphs using variational autoencoders[C]. International Conference on Artificial Neural Networks. Springer, Cham, 2018: 412-422.

明了基于图的从头分子设计模型的可行性。JT-VAE 在测试集下的大多数结果明显优于以前的方法，但是，这种设计存在一些局限性：首先，使用 JT-VAE 进行属性优化更加困难，因为具有相同连接树的两个分子可能对应明显不同的两个属性；其次，在生成过程中不考虑节点的顺序排列会比较耗时，某些可能的节点排列下的最终序列可能会映射到同一个图中；最后，由于现实中药物分子的复杂性，子结构中少于 20 个原子的药物分子是不切实际的。后来，研究人员将分子优化任务视为图到图的翻译，旨在学习两个域之间的多模型映射。

将多种特性整合到一个分子中是一个挑战，这主要有两个原因：一是缺少符合所有约束条件的分子，如效力、安全性等现实中所需的特性；二是当加入多种约束后，成功率和新颖性不高。最近，Jin 等人继续研究药物分子的子结构来丰富分子的性质。为了解决以上问题，首先构建分子网络，它是关于单一属性的子结构集，之后构建一个具有各种网络的分子属性库，并通过图生成模型将网络补全，包括 JNK3、GSK-3β、定量类药性评估（quantitative estimate of drug-likeness，QED）和合成可及性（Synthetic Accessibility，SA）4 种特性，旨在产生阿尔茨海默病具有药物相似性和合成可及性的双重抑制剂，成功率达到 100%。

在生成过程中，边之间的相关性通常被分解为离散的序列表示。CVAE[①]加入了两种类型的相关性，包括一些已知的规则，如化合价规则作为硬规则以及环应变规则作为软规则。CVAE 保持相关性以在语义上转换为有效的 SMILES。值得注意的是，具有相似特性的分子在节点和边的大小上有所不同，而像 GraphVAE 这样的分子图的生成模型则没有考虑到这一点。Samanta 等人[②]提出了 NEVAE，通过不同跳数聚合特征，生成的图在节点级别上具有排列不变性，并考虑了空间位置对属性的影响。

6.4.2　基于 GAN 的分子生成模型

尽管 GAN 在某些领域得到了广泛应用，但在生成分子图方面的发展却较为缓慢，这是因为 GAN 容易产生模式崩塌。由于避免了使用基于似然的损失函数，GAN 使得分子优化不稳定。De C 等人[③]提出了基于 GAN 的图生成模型 MolGAN，该模型利用无似然方法并避免了复杂的图匹配过程。与 ORGAN 类似，MolGAN 对小分子图应用了策略梯度奖励和带有惩罚梯度的 WGAN。

CycleGAN[④]在没有成对输入-输出样本的情况下解决了不同域之间的转换问题，因此有可能从没有所需属性的集合中优化分子。Mol-CycleGAN[⑤]在 JT-VAE 的嵌入下实现结构转换和分子优化，研究者将数据集分为两部分，一部分是不具备目标特性（即卤素、芳环数

① Liu Q, Allamanis M, Brockschmidt M, et al. Constrained graph variational autoencoders for molecule design[J]. Advances in Neural Information Processing Systems, 2018, 31.

② Samanta B, De A, Jana G, et al. Nevae: a deep generative model for molecular graphs[J]. Journal of Machine Learning Research. 2020 Apr; 21 (114): 1-33, 2020.

③ De Cao N, Kipf T. MolGAN: An implicit generative model for small molecular graphs. ArXiv, 2018, 1805.11973.

④ Zhu J Y, Park T, Isola P, et al. Unpaired image-to-image translation using cycle-consistent adversarial networks[C]. Proceedings of the IEEE International Conference on Computer Vision, 2017: 2223-2232.

⑤ Maziarka Ł, Pocha A, Kaczmarczyk J, et al. Mol-CycleGAN: a generative model for molecular optimization[J]. Journal of Cheminformatics, 2020, 12(1): 1-18.

量和活性）的训练数据，另一部分则与其相反。值得注意的是，生物电子等排体是具有相似化学性质并产生广泛的相似或相反生物活性的基团或取代基。CF3 和 CN 等生物电子等排体置换是现代分子设计中的一种方法。具体来说，Mol-CycleGAN 的工作流程如下。

（1）数据集：集合 X（如带有 CN 的）和 Y（如带有 CF3 的）。

（2）映射：$G: X \to Y$ 和 $F: Y \to X$。

（3）循环一致性损失：计算 $F(G(x)) \approx x$ 和 $G(F(y)) \approx y$ 的损失。

Mol-CycleGAN 为缺乏成对样本的分子优化提供了新的思路，受 Mol-CycleGAN 的启发，我们也可以将分子优化视为机器翻译或图翻译的问题。

6.4.3　基于 RNN 的分子生成模型

基于 RNN 的分子生成网络将图生成建模为一个顺序的过程，并在生成图时做出自回归决策。GraphNet[①]是第一个基于 RNN 的任意图模型，它基于消息传递神经网络（MPNN）[②]的框架，本质是在现有的图中添加一个新的原子或键。其生成过程分为 3 步。

（1）选择是否添加原子。

（2）计算现有图的概率以确定是否添加新边。

（3）计算图中的一个节点连接的概率。

此外，Li 等人[③]基于图卷积神经网络（GCN）设计了 MolMP 和 MolRNN，这与 GraphNet 的生成方法类似，后者通过向现有子图迭代添加节点和边的方式来生成分子。将额外的约束转换为不需要强化学习的可用条件，提供了更高的灵活性并输出了更多样的分子。

GraphRNN[④]是一个图和边级别的分层模型，旨在捕获节点和边的联合概率。图的生成过程被视为不同节点排序下的邻接向量序列。GraphRNN 通过引入广度优先搜索（BFS）节点排序来配备可扩展性。随后，一些分子生成工作由 GraphRNN 扩展而来。例如，MolecularRNN[⑤]在 GraphRNN 的基础上添加了与之关联的节点和边特征向量。该模型插入了基于价态的拒绝抽样，以确保有效分子的比率为 100%。它体现了在大型数据集上合并预训练并使用策略梯度算法进行调优的特点和优势。MolecularRNN 在惩罚 logP 和 QED 上的表现优于 JT-VAE、GCPN 和 ORGAN。

6.4.4　基于流的分子生成模型

基于流（flow）的生成模型是另一种方法，目前已成功应用于图像生成，最近开始在

① Li Y, Vinyals O, Dyer C, et al. Learning deep generative models of graphs[J]. arXiv, 2018, 1803.03324.

② Gilmer J, Schoenholz S S, Riley P F, et al. Neural message passing for quantum chemistry[C]. International Conference on Machine Learning. PMLR, 2017: 1263-1272.

③ Li Y, Zhang L, Liu Z. Multi-objective de novo drug design with conditional graph generative model. J Chem 2018; 10(1): 1-24.

④ You J, Ying R, Ren X, et al. Graphrnn: generating realistic graphs with deep auto-regressive models[C]. International Conference on Machine Learning. PMLR, 2018: 5708-5717.

⑤ Popova M, Shvets M, Oliva J, et al. MolecularRNN: Generating realistic molecular graphs with optimized properties[J]. arXiv, 2019, 1905.13372.

分子生成领域中得到关注。在标准化流的帮助下，由一系列可逆变换组成的基于流的生成模型显式地学习数据分布，将初始变量作为输入，并通过重复使用变量规则的变化将其转换为具有各向同性的高斯分布变量，这类似于VAE[①]编码器中的推理过程。非线性独立分量估计（NICE）是第一个标准化流架构，在 MNIST 数据集中表现出令人满意的性能，并成功应用于图像修复。由于它只是粗略地堆叠了全连接层，因此需要进一步探索基于流的模型。在后续工作中，RealNVP 和 Glow 取得了优异的表现，成为生成模型领域的佼佼者。

据我们所知，先前的工作提出了 5 种基于流的分子图生成模型，包括 GraphNVP[②]、GRF[③]、GraphAF[④]、MoFlow[⑤] 和 MolGrow[⑥]。GraphNVP 是第一个基于流的分子图生成模型，它提高了分子的唯一性。与 GraphNVP 相比，GRF 在减少参数量的同时达到了几乎相同的性能。不幸的是，这两个 one-hot 向量编码的模型在生成有效分子的方面表现不佳。受到自回归模型和少数基于流的模型的启发，Shi 等人提出了一种基于流的自回归序列模型 GraphAF，它优于当时最先进的模型 GCPN，并通过结合化合价检查的方法生成百分之百有效的分子。作为一种一次性生成的方式，MoFlow 超越了许多最先进的模型，这些模型由 Glow 的变体和具有给定键的原子通过新的图条件流生成键[⑦]。此外，研究者提出了一种新的有效性校正程序，通过递归删除最后一个键来保持最大有效部分图。最近，MolGrow 通过使用模型的潜向量，表现出良好的效果，它递归地将一个节点一分为二，生成分子结构，可以看作即插即用的模块，在学习固定原子排序的同时获得了更好的性能。

总体而言，基于生成过程，现有的基于图的模型可以大致分为两种类型：一种是顺序迭代生成过程；另一种是一次性生成过程。具体来说，它们可以分为逐节点生成的模型和基于子图生成的模型。为了减少在可能的节点排列下预测边的训练次数，一些模型（如 RationaleRL、MolecularRNN）利用 BFS 规定节点的顺序，一些模型（如 NEVAE、CGVAE）引入了基于序列的模型中的 mask 以保持局部结构和功能特性。由于图的优势和图神经网络的发展，基于图的生成模型在分子设计中发挥着主导作用，但是仍然存在一些挑战，例如，随着节点数目的增加，总计算量至少会增加节点数的平方，导致很难获得精确的似然函数。因此，应该更好地解决节点排序问题，以便生成高质量的分子。

① Sun H, Mehta R, Zhou H H, et al. Dual-glow: Conditional flow-based generative model for modality transfer[C]. Proceedings of the IEEE/CVF International Conference on Computer Vision, 2019: 10611-10620.

② Madhawa K, Ishiguro K, Nakago K, et al. Graphnvp: An invertible flow model for generating molecular graphs[J]. arXiv,102019, 5.11600.

③ Honda S, Akita H, Ishiguro K, et al. Graph residual flow for molecular graph generation[J]. arXiv,2019,1909.13521.

④ Luo Y, Yan K, Ji S. Graphdf: A discrete flow model for molecular graph generation[C]. International Conference on Machine Learning. PMLR, 2021: 7192-7203.

⑤ Zang C, Wang F. MoFlow: an invertible flow model for generating molecular graphs[C]. Proceedings of the 26th ACM SIGKDD International Conference on Knowledge Discovery & Data Mining, 2020: 617-626.

⑥ Kuznetsov M, Polykovskiy D. MolGrow: A graph normalizing flow for hierarchical molecular generation[C]. Proceedings of the AAAI Conference on Artificial Intelligence, 2021, 35(9): 8226-8234.

⑦ Zang C, Wang F. MoFlow: An Invertible Flow Model for Generating Molecular Graphs[J]. ACM, 2020.

6.5　总　　结

1. 数据

从头分子设计也面临深度学习本身存在的问题，包括数据的表示方式、数据的质量和数据稀缺。深度神经网络的训练始终依赖于足够量的数据，即数据驱动。因此，在分子生成领域构建更令人满意的数据集也是一个亟待解决的问题。此外，一些靶标的生物活性数据很少，为此一些模型选择在大型数据集上进行预训练，然后进行微调以生成特定靶标的分子。我们认为，整合多组学数据可以弥补数据的不足。此外，设计具有丰富分子信息的表示也是一个挑战。毫无疑问，基于序列的表示更简单，但它们在某种程度上忽略了结构信息。最后，虽然基于图的方法已被广泛使用，但仍然缺乏将三维信息整合到基于图的模型中的方法。以简单的方式将 3D 信息与基于结构的模型相结合也是一个较大的挑战，它将成为未来工作的方向。值得一提的是，由于计算机视觉技术的成熟，在图像表示下学习分子特征可能是一个可行的方向。

2. 模型

当前的大多数分子生成模型借鉴了计算机视觉和自然语言处理中的现有方法，而这些方法并未从分子领域开发新模型。虽然分子模仿图像和文本的表示，但图像和文本的生成是有容错的，而用于药物发现的分子对有效性要求非常严格，从这个方面来说，我们应设计独特的模型和适当的分子表示方法。从某种程度上讲，这样的模型也应该像计算机视觉的模型一样，具有可扩展性，能够推广到其他领域。在未来，我们也很高兴开发一个层次模型，它可以以从粗到细的方式生成具有所需特性的分子。在合并多组学数据时，分层模型有利于提取不同的信息。如前所述，一些生成模型本身就存在一些缺陷，例如，虽然基于流的模型可以完美地重建样本，但计算成本仍然不如其他生成模型友好，有鉴于此，降低基于流的模型的昂贵计算成本是将来的优化目标。此外，分子设计生成模型的可解释性同样值得研究。

3. 评价指标

比克顿等人利用 QED 指标来衡量药物相似性；弗雷歇化学网络距离是训练集和生成分子之间分布的度量；logP 是估计辛醇-水分配系数的特定描述符；惩罚 logP 是 logP 的一种变体，将合成可及性和环的大小作为惩罚考虑在内。MOSES 是一个基准测试平台，包含一个标准化数据集、一组指标和多个用于比较分子生成模型的基线。事实上，这些系统性指标和工业界进行药物发现的指标大相径庭，即往往 AI 设计的分子不符合实际的使用要求。如何平衡和统一两个指标系统以更快、更有效地发现药物是目前的一大难题。设计实际使用的指标并与实验相结合，将使分子生成迈出重要的一步。

更多参考文献请扫描右侧二维码获取。

第 7 章　基于深度学习的药物–靶标相互作用预测

7.1　概　　述

药物–靶标相互作用（drug-target interaction，DTI）在药物发现过程中起着至关重要的作用。DTI 任务的主要目标是识别药物和靶标之间的相互作用位点，并表征出其特性，从而找到针对特定蛋白质靶标的新配体。在许多研究领域，包括药物重定位、副作用预测、多药理学和耐药性都因 DTI 获益诸多。鉴于药物临床试验的耗时与昂贵，与此同时，巨大的化学基因组空间意味着多种药物可能与多个靶标有关，这为药物发现带来了很大的挑战，而预测 DTI 可以通过发现脱靶效应为药物发现提供新的见解。因此，准确预测 DTI 可以很大程度上加快与优化药物发现的过程，从而快速产生可以落地的候选化合物。

7.2　数　据　集

DTI 数据集存储了化合物序列、蛋白质序列以及结合亲和力值等相关信息。结合亲和力值通常以不同的度量表示，如 IC50、EC50、Ki 和 Kd。这些不同的度量数据来源可能会给我们带来一些挑战。例如，如果模型用 IC50 结合亲和力的数据集来进行训练，而在其他的结合亲和力值的数据集上进行测试，那么将很难评估该模型的性能。因此，Tang 等人[①]引入了一种称为 KIBA 分数的新数据集，它将不同来源（如 IC50、Ki 和 Kd）的亲和力度量组合成一种称为 KIBA 的新数据集，并总结了 DTI 预测中的可用数据集，如表 7.1 所示。本节详细讨论了多个数据集，并与其他数据集进行了比较。

表 7.1　可用数据集

数 据 集	药物量/个	靶标量/个	药物–靶标相互作用对/个
ASDCD	105	1225	210
STITCH	430 000	9 600 000	1 600 000 000
BindingDB	780 240	7371	1 756 093
KIBA	229	2111	118 254
Davis	442	68	30 056
Metz	1423	170	35 259

① Tang J, Szwajda A, Shakyawar S, et al. Making sense of large-scale kinase inhibitor bioactivity data sets: a comparative and integrative analysis[J]. Journal of Chemical Information and Modeling, 2014, 54(3): 735-743.

续表

数 据 集	药物量/个	靶标量/个	药物-靶标相互作用对/个
ToxCast	8575	617	530 605
DrugBank	11 682	26 889	131 724
SIDER	5868	1430	139 756
SuperPred	341 000	1800	665 000
SuperTarget	195 770	6219	332 828

抗真菌协同药物组合数据库（antifungal synergistic drug combination database，ASDCD）是一个有助于抗真菌药物组合协同分析的数据集。

STITCH 是一个大型数据集，包含来自 2031 个真核和原核基因组的超过 430 000 种化学物质和 960 万种蛋白质的 16 亿个有相互作用的样本。现在 STITCH 中添加了一个新功能，即允许用户过滤网络以显示特定组织中蛋白质的结果，这一功能有助于研究人员利用类似的已知相互作用对来寻找未知的对。

BindingDB 是一个在线数据库，包含来自各种资源的超过一百万条相互作用数据记录。同时，提供了 PDB、PubMed、通路信息和其他资源的链接。

KIBA 数据集研究了给定扰动剂对激酶抑制剂生物活性的影响。它最初包含 246 088 个药物-靶标相互作用对，将其中相互作用少于 10 个的药物和靶标删除，最终获得 118 254 个相互作用对。

Davis 数据集包含 68 种独特药物和 442 种独特蛋白质的 30 000 多种药物-靶标相互作用对，其亲和力通过 Kd 值测量。与 KIBA 数据集类似，它还报告了激酶蛋白家族的亲和力值。

Metz 数据集包括 1421 种药物和 156 个靶标，其中结合亲和力以 pKi 值的形式给出。同时，蛋白质和药物之间的关系可以从 STITCH（search tool for interactions of chemicals）数据库中获得，该数据库整合了各种化学和蛋白质网络。

EPA 的毒性预测器针对数千种感兴趣的化学品生成数据和预测模型，并将其收集到 ToxCast 数据集中。该数据集包含对 8615 种化合物进行的 600 多次实验的定性结果。

DrugBank 于 2006 年首次发布，近年来逐渐发展。DrugBank 涵盖 4 种类型的蛋白质靶标家族，包括 GPCR、酶、核受体和离子通道以及 SuperTarget 和 BindingDB 数据集。

如表 7.1 所示，不同数据集中药物和靶标的多样性是不同的。BindingDB 的药物多样性比其他数据集都多，在蛋白质靶标方面，STITCH 的多样性最大。此外，这些数据集中的每一个都只包括一些蛋白质靶标家族和药物化合物。通过调查基于深度学习的方法，发现其中一些数据集（如 KIBA、Davis、Metz、BindingDB 和 PDBind）在该研究领域更具适用性。一些数据集（如 BindingDB、STITCH 和 DrugBank）经常更新，而其他数据集在几年内保持不变。由于可用的数据集数量众多，未来的研究有必要提供更多关于它们之间交集的信息，帮助研究人员选择最合适的数据集进行研究。此外，某些药物或靶标的不同数量的可用相互作用也会导致数据异质性挑战。

7.3　虚拟筛选软件

虚拟筛选（virtual screening，VS）是指在进行生物活性筛选之前，利用计算机上的分子对接软件，结合药物-蛋白质相互作用模型来模拟目标靶点与候选药物之间的相互作用，计算两者之间的亲和力大小，以减少实际筛选化合物数目，同时提高先导化合物的发现效率。

从原理上来讲，虚拟筛选可以分为两类，即基于配体的虚拟筛选和基于受体的虚拟筛选。基于配体的虚拟筛选一般是利用已知活性的小分子化合物，根据化合物的形状相似性或药效团模型，在化合物数据库中搜索能够与其匹配的化学分子结构，然后对这些挑选出来的化合物进行实验筛选研究。基于受体的虚拟筛选从靶蛋白的三维结构出发，研究靶蛋白结合位点的特征性质以及它与小分子化合物之间的相互作用模式，根据与结合能相关的亲和性打分函数对蛋白和小分子化合物的结合能力进行评价，最终从大量的化合物分子中挑选出结合模式比较合理、预测得分较高的化合物，用于后续的生物活性测试。现有的较为成熟的虚拟筛选软件有以下几种。

Schrodinger[①]是药物发现的完整软件包，包括基于受体和配体结构的诱导契合和柔性对接模式；基于受体结构及配体极性的对接模式；基于受体结构及溶液环境性质的对接模式；组合化学库设计及基于组合库的对接模式；基于配体结构的药物设计、药效团和 3D-QSAR；生物分子结构模拟，蛋白、糖、核酸、小肽等；基于靶点的药物设计；药代动力学（吸收、分布、代谢和排泄）性质预测。它的虚拟筛选功能在 35 个 CPU 的集群上每天可以筛选 150 万个化合物。该软件提供一站式的设置界面，用户可以定义特定的性质，以便过滤掉不满足性质的化合物。

AutoDock 是 Scripps Research 的 Olson 实验室使用 C 语言开发的分子对接软件包，主要包含 AutoGrid 和 AutoDock 两个程序，其中 AutoGrid 主要负责格点中相关能量的计算，而 AutoDock 则负责构象搜索及评价。在早期版本中使用的是模拟退火算法，而从 3.0 版本以来开始使用一种改良的遗传算法，即拉马克遗传算法。

AutoDock Vina[②]是最快、使用最广泛的开源对接引擎。对于输入和输出，Vina 使用与 AutoDock 相同的 PDBQT 分子结构文件格式。PDBQT 文件可以生成（以交互方式或批处理方式）并使用 MGLTools 查看。它的设计理念是不要求用户了解其实现细节、调整模糊的搜索参数、聚类结果或了解高级代数，所需要的只是对接分子的结构和包括结合位点在内的搜索空间的规格。

LeDock 是一个轻量级的对接软件，有两个选项卡，其中 LePro 用于分子蛋白处理，可去除蛋白中的离子、金属、水分子等，会生成分子对接要用到的 IN 文件。在确定了对接参数后，可使用 LeDock 项目来进行分子对接。

---

① Trott O, Olson A J. AutoDock Vina: improving the speed and accuracy of docking with a new scoring function, efficient optimization, and multithreading[J]. Journal of Computational Chemistry, 2010, 31(2): 455-461.

② Hamanaka M, Taneishi K, Iwata H, et al. CGBVS-DNN: prediction of compound-protein interactions based on deep learning[J]. Molecular Informatics, 2017, 36(1-2): 1600045.

PyRx 包含对接向导和易于使用的用户界面，以及类似于化学电子表格的功能和可视化引擎。PyRx 在 2010 年首次发布后，特别是自 COVID-19 大流行的早期以来，已被许多出版物积极用于寻找潜在的候选药物。

类似的还有一些具有代表性的分子对接软件，如 ICM-Docking、GOLD、FlexX、FlexiDock、Hex 等。

7.4 药物分子与蛋白质靶标的表征

对药物-蛋白质相互作用预测的计算方法模型来说，需要明确药物分子和蛋白质靶标的表征方法。基于机器学习和深度学习网络的输入可以是原始序列、提取的分子指纹或它们的组合，许多模型都使用原始分子序列作为网络的输入，同时，也可以将原始序列表征到另一种合适的表示形式，如将分子指纹作为药物分子与蛋白质的表征输入神经网络。在这种情况下，分子的图结构被转换为固定大小的特征描述符。

Hamanaka 等人[1]的 CGBVS-DNN 和 Wen 等人[2]的 DBN 模型也从一维氨基酸序列中提取了蛋白质的特征。

7.4.1 药物分子的表征

药物分子的表征是一种可以自然地用一种人类可读的格式来描述药物分子的方法，如字符串、图表或图像。最广泛使用的字符串格式是 SMILES。SMILES 把药物分子描述成线性字符串，从一个原子开始，通过一定的访问规则来遍历所有的原子。构建化学指纹，通过布尔表征药物分子的二级结构，能够更全面地了解药物分子的结构。图结构表征药物能够通过周围邻居的特点更全面地了解药物属性。

（1）RDKit 是化学信息学中最常用的 Python 库，它实现了一种算法，在生成 SMILES 时考虑了分子的立体化学和对称性。一些机器学习工具利用增强 SMILES 补偿分子的非双客观性质，以产生较少的偏倚信息。此外，其他类型的字符串格式表示，如 SMARTS 和 SELFIES，也可以更好地突出子结构或镜像语义约束。SMILES 可以被编码为 one-hot 和 multi-hot 向量。例如，Hirohara 等人[3]将价电子数归一化，并用 one-hot 编码芳香性等化学结构信息，以确定原子值。该方案有效地将一个 SMILES 编码成可计算的格式。在大多数情况下，编码的 SMILES 向量被输入深度学习模型中，为模型构建潜在向量来表示化学空间。word2vec 是对 SMILES 进行编码的另一种方法，它通过将字符映射到实数的向量来构

① Hamanaka M, Taneishi K, Iwata H, et al. CGBVS‑DNN: prediction of compound-protein interactions based on deep learning[J]. Molecular informatics, 2017, 36(1-2): 1600045.

② Wen M, Zhang Z, Niu S, et al. Deep-learning-based drug-target interaction prediction[J]. Journal of proteome research, 2017, 16(4): 1401-1409.

③ Hirohara M, Saito Y, Koda Y, et al. Convolutional neural network based on SMILES representation of compounds for detecting chemical motif[J]. BMC Bioinformatics, 2018, 19(19): 83-94.

造单词嵌入。与循环神经网络（recurrent neural network，RNN）等序列模型相结合，word2vec 可以将固定长度的字符作为单词来处理，从而生成整个化学句子的嵌入。

（2）组成二级结构/支架或常见官能团在药物分子中经常出现，它们被用来构建化学指纹，以布尔表征药物分子的二级结构。有几种方法可以生成不同的指纹方案，如扩展连接指纹（extended-connectivity fingerprints，ECFP）、摩根（Morgan）指纹、PubChem 指纹等。这些化学指纹生成方案分为基于拓扑的方案（摩根、ECFP、2D 药效团等）和基于智能的方案（PubChem）。基于拓扑的指纹通过计算分子中的拓扑距离来表征原子和键，基于智能的指纹则考虑键序和键芳香性的模式。在这两种方案中，子结构的存在和不存在都可以用来生成一个药物化合物的布尔数组，这个数组可以用作类似化合物的搜索策略。由于指纹具有直观和信息丰富的特点，基于指纹的方案已成功应用于化学信息学中。

Ma 等人[1]表示，当分子指纹被用作深度神经网络的输入时，与随机森林等基本方法相比，预测效果得到了显著的改进。ECFP 是一种拓扑圆形指纹，对于化合物中的每个原子，相邻环境被编码为唯一的哈希整数标识符。ECFP 是一个逐位描述符，其中每个位置对应一个化合物中的某个子结构。Durrant 等人[2]提出了一种称为 BINANA（binding analyzer）的复合蛋白质描述符的新算法。BINANA 可识别紧密接触、静电相互作用、结合位点灵活性、疏水性接触、氢键、盐桥、π 相互作用和配体原子类型以及可旋转键。Hassan 等人[3]利用 BINANA 来描述化合物-蛋白质相互作用，然后将其输入深层神经网络以预测相互作用的亲和力。与其他方法不同的是，网络中的模型输入特征是化合物和蛋白质相互作用特征的组合。Chakravarti 等人[4]提出了一种循环遍历的分子线性符号作为深度神经网络的输入，在每次迭代中通过一个键向外移动每个重原子，并记录访问原子。每一步迭代和每个原子分别用空格和星号隔开。在该模型中，每个原子都有一些特征编码，如原子符号、杂化、键合氢的数量、双键或三键的数量、电荷和环成员。通过使用 Tanimoto 算法比较对应的指纹向量，可以很容易地计算出两个化合物的相似度。还有许多其他分子指纹方法，如对称函数[5]、NNscore 特征[6]、库仑矩阵[7]、SPLIF[8]和网格特征[9]等。

① Ma J, Sheridan R P, Liaw A , et al. Deep neural nets as a method for quantitative structure-activity relationships[J]. Journal of Chemical Information & Modeling, 2015, 55(2): 263-274.

② Durrant J D, Mccammon J A . BINANA: a novel algorithm for ligand-binding characterization[J]. Journal of Molecular Graphics & Modelling, 2011, 29(6): 888-893.

③ Torres P, Sodero A, Jofily P, et al. Key topics in molecular docking for drug design[J]. International Journal of Molecular Sciences, 2019, 20(18): 4574.

④ Chakravarti S K, Alla S R M. Descriptor free QSAR modeling using deep learning with long short-term memory neural networks[J]. Frontiers in Artificial Intelligence, 2019, 2:17.

⑤ Behler J, Parrinello M. Generalized neural-network representation of high-dimensional potential-energy surfaces[J]. Physical Review Letters, 2007, 98(14): 146401.

⑥ Durrant J D, Mccammon J A. NNScore 2.0: a neural-network receptor-ligand scoring function[J]. Journal of Chemical Information & Modeling, 2011, 51(11): 2897.

⑦ Rupp M, Tkatchenko A, Müller K R, et al. Fast and accurate modeling of molecular atomization energies with machine learning[J]. Physical Review Letters, 2012, 108(5): 058301.

⑧ Da C, Kireev D. Structural protein-ligand interaction fingerprints (SPLIF) for structure-based virtual screening: method and benchmark study[J]. Journal of Chemical Information & Modeling, 2014, 54(9): 2555.

⑨ Luo Y, Xiao F, Zhao H. Hierarchical contextualized representation for named entity recognition[J]. Proceedings of the AAAI Conference on Artificial Intelligence, 2020, 34(5): 8441-8448.

（3）基于图的表征，如图神经指纹，为了使用基于图的学习策略，药物分子需要转换成图，通常是用药物分子/键信息表示图的邻接矩阵，然后将这些矩阵作为输入提供给图卷积网络（graph convolutional network，GCN）。GCN 的主要作用是通过考虑相邻节点来生成节点的上下文关系信息。用于更新相邻信息的 GCN 方法主要有两种：频域图卷积网络（Spectral GCN）是将一个图作为一个整体来考虑；而空域图卷积网络（spatial GCN）只使用相邻节点，因此考虑的是局部子图。

7.4.2 蛋白质的表征

蛋白质序列和结构有多种格式和表征方法，基本上分为 3 种类型，如图 7.1 所示。

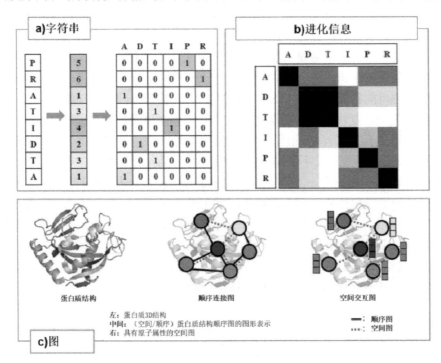

图 7.1 蛋白质表征方式

（1）序列方式：将蛋白质表示为氨基酸序列。

（2）进化信息方式：编码蛋白质进化信息。

（3）结构方式：蛋白质 3D 结构、残基顺序连接关系和残基空间距离。

蛋白质基本上是氨基酸残基序列，是高度保守的进化信息。因此，考虑到蛋白质的进化、结构特性或相似性，可以用 one-hot 等方法对蛋白质进行表征。one-hot 的表征方法是将字符转换为二进制位向量。深度学习模型需要类似网格的数字输入，而 one-hot 表征方法完全符合此类输入。基于蛋白质结构，通常将蛋白质结构转换为具有节点的化学属性空间图，并将在预设距离内的两个残基之间的边转换为节点。蛋白质的结构信息可以是在单个氨基酸水平上的坐标、静电性质或表面面积。UniProt 和 Protein Data Bank（PDB）分别是蛋白质序列和结构信息的主要资源。PDB 包含配体特异空间构象在内的化合物-蛋白质相互作用信息。PDB 的一个问题是结构特征蛋白的数量比确定的氨基酸序列蛋白少得多。因此，利用蛋白质结构信息进行计算机辅助药物设计是有限的。然而，AlphaFold[①]和 AlphaFold2 证明了利用蛋白质进化信息和蛋白质结构信息可以非常有效地从蛋白质序列预测蛋白质结构。

来自于自然语言处理的词嵌入（word embedding）技术也被发掘用于药物分子、蛋白质等的特征嵌入中，Asgari 等人[②]利用词嵌入技术为生物序列提供了一种新的表示方法。Öztürk 等人[③]从化合物的 SMILES 表示中提取一组化学单词，然后使用最高词频-逆文档频率（term frequency-inverse document frequency，TF-IDF）技术，在药物-蛋白质相互作用中使用一组化学单词表示蛋白质。Öztürk 等人[④]提出 DeepDTA 模型，利用词嵌入技术将蛋白质表征为一维氨基酸序列后输入后续神经网络层中，用以预测药物-蛋白质相互作用。

近年来，一些研究通过蛋白质序列构建二维结构描述符，并在各种任务中基于其或基于原始二级结构提取特征。Fout 等人[⑤]将蛋白质图引入蛋白质-蛋白质相互作用的预测中，图中的基本节点对应于残基。DrugVQA[⑥]是一种化合物-蛋白质相互作用预测模型，其中蛋白质被描述为基于氨基酸序列的距离矩阵。DGraphDTA[⑦]基于蛋白质序列构建了一个接触图来表示蛋白质，以预测结合亲和力。ProteinGCN[⑧]没有将残基作为节点，而是根据原子之间的距离构建了一个蛋白质图，并将原子视为基本节点。iProStruct2D[⑨]基于从 3D 结构中获取的 2D 快照执行蛋白质分类。SSnet[⑩]从蛋白质的二级结构中提取特征，以预测化合物-蛋白质相互作用，这是基于蛋白质的原始 2D 信息。

功能蛋白质的结构不是氨基酸的简单组合，而是蛋白质折叠形成的 3D 结构。3D 结构的稳定性得益于氨基酸之间的相互作用，这也会影响化合物-蛋白质的相互作用。研究人员

① Yin X, Yang J, Xiao F, et al. MemBrain: an easy-to-use online webserver for transmembrane protein structure prediction[J]. Nano-Micro Letters, 2018, 10(1): 1-8.

② Asgari E, Mofrad M. Continuous distributed representation of biological sequences for deep proteomics and genomics[J]. PLoS ONE, 2015, 10(11): e0141287.

③ Öztürk H, Özgür A, Ozkirimli E. A chemical language based approach for protein-ligand interaction prediction[J]. arXiv, 2018, 1811.00761.

④ Öztürk H, Özgür A, Ozkirimli E. DeepDTA: deep drug-target binding affinity prediction[J]. Bioinformatics, 2018, 34(17): i821-i829.

⑤ Fout A, Byrd J, Shariat B, et al. Protein interface prediction using graph convolutional networks[J]. Advances in Neural Information Processing Systems, 2017, 30.

⑥ Zheng S, Li Y, Chen S, et al. Publisher Correction: predicting drug-protein interaction using quasi-visual question answering system[J]. Nature Machine Intelligence, 2020, 2(2): 134-140.

⑦ Jiang M, Li Z, Zhang S, et al. Drug-target affinity prediction using graph neural network and contact maps[J]. RSC Advances, 2020, 10(35): 20701-20712.

⑧ Sanyal S, Anishchenko I, Dagar A, et al. ProteinGCN: Protein model quality assessment using graph convolutional networks[J]. BioRxiv, 2020.

⑨ Nanni L, Lumini A, Pasquali F, et al. iProStruct2D: identifying protein structural classes by deep learning via 2D representations[J]. Expert Systems with Applications, 2020, 142:113019.

⑩ Verma N, Qu X, Trozzi F, et al. SSnet: a deep learning approach for protein-ligand interaction prediction[J]. International Journal of Molecular Sciences, 2021, 22(3): 1392.

试图从化合物-蛋白质复合物的 3D 结构中了解相互作用。AtomNet[①]是第一个利用深度学习方法，基于 3D 结构信息预测分子和蛋白质结合亲和力的模型。在 AtomNet 中，研究人员从蛋白质复合物的 3D 网格中提取特征。3DCNN[②]和 SE-OnionNet[③]还基于复合物预测了蛋白质和分子的结合亲和力，这是从对接软件中获得的。ACNN[④]使用原子坐标和基于复合物的距离构建了一个邻居距离矩阵，以预测自由能。然而，蛋白质-配体的生物分子复合物只有 17 679 个。由于对接软件的计算存在一定的偏差，用该软件获得的复杂构象来预测相互作用不够准确。虽然研究人员通过 3D 结构预测了蛋白质和化合物之间的相互作用，但准确性还有待提高。

7.5　基于机器学习的预测模型

Shaikh 等人[⑤]通过设计用于可靠的数据集生成和基于指纹的分析的新方法来改进传统的机器学习预测模型。Nguyen 等人[⑥]提出了基于微分几何的几何学习假设，将关键的化学、物理和生物信息编码到二维元素中，通过使用可微密度估计器的多尺度方法，从高维结构数据空间中提取特征来进行亲和力预测。Reker D 等人[⑦]评估了蛋白质/靶标、化学基因组学建模的主动学习策略并使用减少数据大小的方法来构建机器学习模型，用于预测化合物-蛋白质相互作用。

基于网络和基于核的机器学习方法一直被用于模型预测。许多计算方法利用网络中已知的化合物和蛋白质之间的边来识别新的靶标。对于网络层面的预测，Lo 等人[⑧]开发了一个评分函数，并使用了化学概念，通过测量基于指纹的药物化合物的成对相似性来减少预测空间的大小。这个问题的搜索空间称为 bow-pharmacological space，用于结合化学空间和靶空间。通过构建具有已知相互作用的预测空间，可以预测新的相互作用。Chen 等人[⑨]在

① Wallach I, Dzamba M, Heifets A. AtomNet: a deep convolutional neural network for bioactivity prediction in structure-based drug discovery[J]. Mathematische Zeitschrift, 2015, 47(1): 34-46.

② Ragoza M, Hochuli J, Idrobo E , et al. Protein-ligand scoring with convolutional neural networks[J]. Journal of Chemical Information & Modeling, 2017, 57(4): 942.

③ Wang S, Liu D, Ding M, et al. SE-OnionNet: a convolution neural network for protein-ligand binding affinity prediction[J]. Frontiers in Genetics, 2021, 11: 607824.

④ Gomes J, Ramsundar B, Feinberg E N, et al. Atomic convolutional networks for predicting protein-ligand binding affinity[J]. arXiv, 2017, 1703.10603.

⑤ Shaikh N, Sharma M, Garg P. An improved approach for predicting drug-target interaction: proteochemometrics to molecular docking[J]. Molecular Biosystems, 2016, 12(3):1006-1014.

⑥ Nguyen D D, Wei G W. DG-GL: differential geometry‐based geometric learning of molecular datasets[J]. International Journal for Numerical Methods in Biomedical Engineering, 2019, 35(3): e3179.

⑦ Reker D, Schneider P, Schneider G, et al. Active learning for computational chemogenomics[J]. Future Medicinal Chemistry, 2017, 9(4): 381-402.

⑧ Lo Y C, Senese S, Li C M , et al. Large-scale chemical similarity networks for target profiling of compounds identified in cell-based chemical screens[J]. PLoS Computational Biology, 2015, 11(3): e1004153.

⑨ Chen X, Liu M X, Yan G Y. Drug-target interaction prediction by random walk on the heterogeneous network[J]. Molecular BioSystems, 2012, 8(7): 1970-1978.

空间探索方面做了一项开创性的工作，他们提出了基于网络的随机游走，并在药物和靶蛋白的两个异构网络上重新启动。他们通过整合来自 4 个不同数据库（EGG BRITE、BRENDA、SuperTarget 和 DrugBank）的同质化合物/蛋白质实体和药物化合物-蛋白质相互作用之间的相似性信息，建立了一个网络。其中 4 个单独的蛋白质亚类（酶、离子通道、GPCR 和核受体）分别处理。这项工作提供了一个新的视角来考虑拓扑重要性附近的实体。

另一项有趣的研究是使用指纹来测量化学相似性。与以往使用的指纹不同，基于核的方法经常用于确定药物-蛋白质间复杂的非线性决策边界。支持向量机（support vector machine，SVM）是一种具有代表性的基于核的方法，它将高维空间中的数据点映射到特征空间中，然后在特征空间中构造决策边界。基于支持向量机的方法已被广泛用于药物-蛋白质相互作用关系预测。尽管支持向量机本身是一种强大的分类方法，但特征的选择对于构建决策边界和可解释性非常重要。Tabei 等人使用化学指纹图谱和蛋白质结构域作为特征。Yu 等人[①]选择蛋白质描述符方法从氨基酸序列中提取蛋白质特征，以表示结构和理化信息。LASSO（least abso lute shrinkage and selection operator）[②]等机器学习方法也被广泛用于特征提取。Shi 等人[③]提出了 LASSO-DNN 模型，其中多个 LASSO 模型用于整合蛋白质和药物化合物特征集的不同组合，减少了不太显著的特征的影响。其他类型的特征操作方法，如稀疏 CCA[④]，被用来匹配化学二级结构与蛋白质结构域。

7.6　基于深度学习的预测模型

7.6.1　基于循环网络的预测模型

由于有些药物分子和蛋白质分子的长度过长，导致无法全面地学习分子序列的特征，进而导致预测精度下降。近年来循环神经网络（recurrent neural network，RNN）被引入药物-蛋白质相互作用预测中。RNN 是一类以时间序列为输入的神经网络。在训练过程中，它会记住过去，并将其用于下一步的决策。RNN 由一系列循环单元组成，其中每个单元包括隐藏的门，这些门提供状态信息以传递给下一个单元。大规模序列数据中的 RNN 面临着遗忘和梯度消失的问题。为了应对这些挑战，长短期记忆（long short-term memory，LSTM）被引入。长短期记忆网络的每个单元都包括一个输入门、一个忘记门和一个输出门，用于学习应该忘记以及应该保留哪些新信息以传递给下一个单元。

---

① Yu H, Chen J, Xu X, et al. A systematic prediction of multiple drug-target interactions from chemical, genomic, and pharmacological data[J]. PloS One, 2012, 7(5): e37608.

② Tibshirani R. Regression shrinkage and selection via the lasso[J]. Journal of the Royal Statistical Society: Series B (Methodological), 1996, 58(1): 267-288.

③ Shi H, Liu S, Chen J, et al. Predicting drug-target interactions using lasso with random forest based on evolutionary information and chemical structure[J]. Genomics, 2019, 111(6): 1839-1852.

④ Yamanishi Y, Pauwels E, Saigo H, et al. Extracting sets of chemical substructures and protein domains governing drug-target interactions[J]. Journal of Chemical Information and Modeling, 2011, 51(5): 1183-1194.

Chakravarti 等人[1]将药物分子转换为描述符输入一个双向的 LSTM 中，然后构建定量构效关系（quantitative structure–activity relationship，QSAR）模型进行预测。Fooshee 等人[2]将药物分子的 SMILES 直接输入 LSTM 来预测反应，进而预测相互作用。Janjuevi 等人[3]使用基于 RNN 的 seq2seq 自编码器学习嵌入向量，随后利用注意力机制学习分子与蛋白质之间的结合位点信息，同时使用卷积神经网络（convolutional neural network，CNN）训练预测模型。通过将 LSTM 中的两个门（输入门和忘记门）替换为更新的门，Chung 等人[4]提出了门控循环单元（gated recurrent unit，GRU），用于对分子或蛋白质串中的局部和全局上下文信息进行嵌入。Lin 等人[5]使用 BERT 模型对分子序列的词嵌入和位置嵌入进行建模。Transformer 是另一种基于序列的方法，广泛应用于预测任务中。Transformer 有编码器和解码器，不像 BERT 只有编码器，因此可以通过训练来提高预测精度。

7.6.2　基于卷积的预测模型

由于药物分子和蛋白质分子的特殊性，可以直接将其表示为图像，进而被神经网络学习。CNN 是应用最广泛的深度神经网络，作用于图像等网格类型的数据结构。CNN 包括几个按可选顺序排列的卷积层和池化层。卷积层包含一组滤波器，在输入层的局部感受野中提取一组局部特征。在连续的卷积层中，感受野被放大。池化层则是通过下采样来扩大感受野。

Huang 等人[6]研究了化合物和蛋白质的端到端的学习表示，使用并整合这些表示输入 CNN 进行预测。Wang 等人[7]将靶标和药物的序列信息输入 CNN 进行特征提取，从而进行相互作用预测，提出了一种同时训练结构数据和化学性质两种类型的数据架构，使用两种方法对药物化合物序列进行表示学习：在第一种方法中，特征输入全连接的层；在第二种方法中，使用 SMILES 矩阵描述分子，然后输入 CNN。Tsubaki 等人[8]使用图卷积神经网络（graph convolutional network，GCN）学习药物化合物特征，以进行 DTI 预测，利用一次

① Chakravarti S K, Alla S R M. Descriptor free QSAR modeling using deep learning with long short-term memory neural networks[J]. Frontiers in Artificial Intelligence, 2019, 2.

② Fooshee D, Mood A, Gutman E, et al. Deep learning for chemical reaction prediction[J]. Molecular Systems Design & Engineering, 2018, 3(3): 442-452.

③ Janjušević N, Khalilian-Gourtani A, Wang Y. CDLNet: robust and interpretable denoising through deep convolutional dictionary learning[J]. arXiv, 2021, 2103.04779.

④ Chung J, Gulcehre C, Cho K H, et al. Empirical evaluation of gated recurrent neural networks on sequence modeling[J]. arXiv, 2014, 1412.3555.

⑤ Lin K, May A, Taylor W R. Amino acid encoding schemes from protein structure alignments: multi-dimensional vectors to describe residue types[J]. Journal of Theoretical Biology, 2002, 216(3): 361-365.

⑥ Huang K, Xiao C, Glass L M, et al. MolTrans: molecular interaction transformer for drug–target interaction prediction[J]. Bioinformatics, 2021, 37(6): 830-836.

⑦ Wang J J, Wang C, Fan J S, et al. A deep learning framework for constitutive modeling based on temporal convolutional network[J]. Journal of Computational Physics, 2022, 449: 110784.

⑧ Tsubaki M, Tomii K, Sese J. Compound–protein interaction prediction with end-to-end learning of neural networks for graphs and sequences[J]. Bioinformatics, 2019, 35(2): 309-318.

性学习概念，介绍了一种药物发现的新框架。他们将图卷积神经网络和迭代细化的长短期记忆网络相结合，以学习更多有意义的特征。Wu 等人[1]提出了一个称为 MoleculeNet 的模型，在此模型中，将之前提出的多个分子特征化和学习算法应用于多个公共数据集，然后对其结果进行评估和比较。Abbasi 等人[2]结合 CNN 和 LSTM 的同时引入注意力机制，利用领域自适应技术来学习一个隐藏的药物靶点对的特征，从而进行相互作用预测。

受计算机视觉领域的启发，CNN 被用于基于结构的结合亲和力预测。Ragoza 等人[3]利用蛋白质配体复合物的结构信息对模型进行评分。此外，CNN 还用于特征提取：1D 蛋白序列编码矢量，或分子 SMILES 编码矢量，或蛋白与小分子组合矢量。在 Lee 等人的研究中，广义蛋白质类的局部残基模式是从不同长度的氨基酸二级序列中捕获到的。在 Li 等人的工作中，为了利用蛋白质数据的进化信息，蛋白质序列使用 BLO-SUM62 矩阵编码，并进一步使用 CNN 模块进行处理。注意力机制或 RNN 也与 CNN 相结合，提供解释或进行无监督的预训练，以获得更好的表现。然而，仅考虑一维信息反映蛋白质的三维结构是有限的。Zheng 等人利用蛋白质的二维距离图来提供蛋白质的结构信息。以二维距离图作为输入，以分子线性符号作为查询时，可以使用基于 CNN 的可视化系统生成一对分子和蛋白质是否相互作用的答案。最近，为了减少数据转换过程中的信息损失，Rifaoglu 等人[4]也使用化合物的二维图像作为输入，预测化合物与蛋白质之间的相互作用。

7.6.3　基于生成的预测模型

除了学习潜在表示的深度神经网络模型（如自动编码器），诸如变分自编码器（variational auto-encoder，VAE）或生成式对抗网络（generative adversarial network，GAN）之类的生成模型也被广泛应用。自编码器（autoencoder，AE）是一类神经网络，以无监督的方式学习输入域的特征。它由两个子网组成：特征编码器和解码器。AE 学习通过编码器子网络将输入压缩到低嵌入空间中，以便可以通过解码器子网络将其从低嵌入空间重构回输入，最后训练的隐藏层向量与传统神经网络相比，能够更大限度地保留特征。它有效地压缩了输入数据，并以无监督的方式将数据重建为压缩的简化表示。VAE 用于学习估计输入数据分布的参数。而 GAN 是基于博弈论的，即一个网络（生成器）生成虚假数据以欺骗另一个网络（鉴别器）。

可以使用上述模型来扩展输入数据的特征，AE 使用编码器网络的输出作为所需的潜在表示。GAN 使用鉴别器网络作为特征提取网络，而鉴别器的最后一个分类层是无用的，通

① Wu Z, Ramsundar B, Feinberg E N, et al. MoleculeNet: A Benchmark for Molecular Machine Learning[J]. Chemical ence, 2017, 9(2): 513-530.

② Abbasi K, Razzaghi P, Poso A, et al. DeepCDA: deep cross-domain compound–protein affinity prediction through LSTM and convolutional neural networks[J]. Bioinformatics, 2020, 36(17): 4633-4642.

③ Ragoza M, Hochuli J, Idrobo E, et al. Protein-ligand scoring with convolutional neural networks[J]. Journal of chemical information and modeling, 2017, 57(4): 942-957.

④ Rifaioglu A S, Nalbat E, Atalay V, et al. DEEPScreen: high performance drug-target interaction prediction with convolutional neural networks using 2-D structural compound representations[J]. Chemical science, 2020, 11(9): 2531-2557.

常会被删除。在 Mao 等人[①]最近的一项研究中，研究人员已经证明 GAN 可用于提取输入序列的特征。在 GAN 模型中，鉴别器网络可以用作特征提取器，可以将其分解为特征提取器层和分类层。在这两种组合之间，特征提取层可以有效地学习输入序列的潜在表示。Karimi 等人使用 seq-2-seq 自动编码器获得化合物和蛋白质的表示空间。其中，编码器和解码器子网中使用循环单元来预测药物分子与蛋白质靶标的亲和力。Torng 和 Altman 等人使用两个图形自动编码器，一个用于分子图形结构，另一个用于蛋白质位点，来构建嵌入向量，并组合这些向量来确定相互作用的模式。Hu 等人[②]提出的 MFDR 模型使用多尺度蛋白质序列描述符提取一维氨基酸序列特征，并结合分子指纹特征，预测化合物-蛋白质的相互作用。

7.6.4　基于图的预测模型

药物化合物是可以由化学元素节点和连接化学元素的边组成的图形。蛋白质结构也是氨基酸节点图。这种图形的自然表示需要计算方法来生成药物化合物和蛋白质的特征。化合物和蛋白质可以自然地表示为一个图，有化学元素节点或氨基酸节点和节点之间的边。处理图形是一项复杂的任务。幸运的是，图学习的方法，特别是图神经网络（graph neural network，GNN），近年来有了巨大的发展。其基本策略是分别学习化合物图和蛋白质图的嵌入向量，并将两个嵌入向量组合起来进行药物-蛋白质相互作用的预测，称为后期整合策略。另外，对于化合物和蛋白质，可以同时学习嵌入载体，这被称为早期整合策略。在各种 GNN 方法中，图卷积网络（graph convolutional network，GCN）通过对相邻节点进行卷积操作来更新中心节点，消息传递神经网络（message passing neural network，MPNN）通过边缘将节点的信息传递给相邻节点来学习图的拓扑结构，从而同时考虑边缘和节点特征。

Janjuevi 等人[③]使用 GCN 来学习分子图的嵌入向量。在 Lim 等人[④]的工作中，蛋白质配体复合物被视为嵌入三维图形表示的输入。此外，注意力机制通常与 GCN 相结合，以提供更好的可解释性，同时获得更好的药物-蛋白质相互作用的预测性能。GCN 的一个局限性是 GCN 只考虑了局部的邻近节点，难以反映全局的三维结构和边缘信息。为了克服这一局限性，Karlov 等人[⑤]使用 MPNN，同时考虑节点和边缘来嵌入药物化合物，采用 MPNN 和图包装单位（graph wrap unit，GWU）生成化学图形特征。Abbasi K 等人[⑥]提出了一个模型

① Mao X, Su Z, Tan P S, et al. Is discriminator a good feature extractor?[J]. arXiv, 2019, 1912.00789.

② Hu P W, Chan K C C, You Z H. Large-scale prediction of drug-target interactions from deep representations[C].2016 International Joint Conference on Neural Networks (IJCNN). IEEE, 2016: 1236-1243.

③ Janjušević N, Khalilian-Gourtani A, Wang Y. CDLNet: Robust and interpretable denoising through deep convolutional dictionary learning[J]. arXiv 2021, 2103.04779.

④ Lim J, Ryu S, Park K, et al. Predicting drug-target interaction using a novel graph neural network with 3D structure-embedded graph representation[J]. Journal of Chemical Information and Modeling, 2019, 59(9): 3981-3988.

⑤ Karlov D S, Sosnin S, Fedorov M V, et al. graphDelta: MPNN scoring function for the affinity prediction of protein-ligand complexes[J]. ACS Omega, 2020, 5(10): 5150-5159.

⑥ Abbasi K, Poso A, Ghasemi J, et al. Deep transferable compound representation across domains and tasks for low data drug discovery[J]. Journal of Chemical Information and Modeling, 2019, 59(11): 4528-4539.

来学习药物发现的化合物表示，该模型可以跨领域和任务进行转移。研究人员假设源目标分别适用于不同化合物分布的不同蛋白质靶群。他们利用多任务网络来训练源模型，使用 GCN 作为特征提取网络，然后利用一个改进版本的对抗性自适应技术来学习目标编码器网络，再将学习到的测试编码器网络应用于新的药物-蛋白质对，以预测它们的结合亲和力。

7.7　总　　结

本章概述了药物-靶标相互作用的数据集、表征、特征嵌入、基于机器学习的预测方法和基于深度学习的预测方法。其中，从基于循环、卷积、自编码和图等方面探索了基于深度学习的方法。在特征嵌入步骤中，我们研究了 3 种嵌入方式。此外，还讨论了现有的方法如何结合药物和靶标特征并将其输入神经网络中进行学习。在此概述的基础上，成功预测 DTI 面临两个主要问题：一是数据表示，二是带有负样本的决策边界。

1. 数据表示

化合物和蛋白质广泛使用的表示形式是人类可读的格式，如 SMILES 和氨基酸序列。然而，这些人类可读的格式通常无法携带关键信息，如 3D 空间中的邻域。因此，为 DTI 预测设计并尝试了各种数据格式。化合物和蛋白质表示方法的选择取决于 DTI 预测的技术。例如，机器学习技术使用化合物和蛋白质的潜在载体表示，这是因为机器学习方法不是为处理化学元素和氨基酸等符号信息而设计的。相反，机器学习方法生成潜在向量并结合这些潜在向量来预测 DTI。机器学习策略的一个优点是，与化合物和蛋白质的联合作用空间相比，DTI 的数据量较小，因此嵌入向量可以在训练数据之外具有更大的泛化能力来预测 DTI。对于化合物，Sanchez 和 Aspuru 将分子表征分为 3 类：离散图、连续图和加权图。对于化合物，SMILES 是分子图的典型一维表示，化合物的指纹可用于量化分子环境，其他表示可模拟原子核之间的静电环境，如库仑矩阵或电子密度。为了表示蛋白质，氨基酸序列被广泛使用。许多现有的方法还通过用 PSSM 或 BLUSOM62 编码氨基酸序列来考虑蛋白质的进化信息。此外，具有伪氨基酸组成的基于序列的特征或具有 3D 蛋白质信息的特征可与氨基酸序列一起使用。

2. 带有负样本的决策边界

真正的 DTI 构建决策边界需要复杂的计算方法，如基于机器学习的化合物和蛋白质的潜在向量表示。除了计算方法，在预测化合物-蛋白质相互作用时，过滤真正的负相互作用也很重要。基于相反的否定命题，假设相似的化合物可能与相似的靶标蛋白质相互作用，反之亦然。Liu 等人提出了一种筛选可靠负性样本的系统方法。他们利用各种化学基因组资源（如化学指纹、副作用、序列相似性、GO 注释和蛋白质结构域）计算化学结构相似性和蛋白质结构相似性。这些相似性可以计算特征差异，以便从验证/预测的相互作用中进一步筛选负性样本。通过对经典分类器和现有预测模型的不同实验设置，证明了通过他们的框架筛选出的负性样本是高度可信的，并且有助于识别 DTI。最近，人工筛选的人类和线虫数据集已成功地用于预测 DTI，实现了显著的性能改进。

　　此外，还有一些新兴技术。例如，在数据表征方面，大多数 DTI 预测方法提供对化学或蛋白质空间的解释。相互作用指纹是一种表示和分析 3D 蛋白质-配体复合物的方法，它编码结合位点与一维向量的特定相互作用。Deng 等人率先使用相互作用指纹（Interaction FingerPrint，IFP）来识别和聚类具有相似结合模式的对接姿势，揭示不同的结合相互作用并证明 IFP 可用于可视化和分析 DTI。受这项工作的启发，Chupakhin 等人设计了一种新型的固定大小指纹，称为简单配体-受体相互作用描述符（SILIRID）。它由 168 个整数值组成，通过考虑一对氨基酸和一个原子的 8 种相互作用类型来描述配体-受体（化合物-蛋白质）的复合物。此外，Nguyen 等人[①]详细回顾了如何使用数学方法将高复杂性和维数的生物分子数据转换为特征。

　　更多参考文献请扫描下方二维码获取。

① Nguyen D D, Cang Z, Wei G. A review of mathematical representations of biomolecular data[J]. Physical Chemistry Chemical Physics, 2020, 22(8): 4343-4367.

第8章 基于深度学习的药物-药物相互作用预测

8.1 概　　述

众所周知，大多数人类疾病是由复杂的生物过程引起的，很难用一种药物完全治愈，因此病人经常需要同时服用多种药物进行联合治疗，这种治疗增加了药物-药物相互作用（drug-drug interaction，DDI）的可能性。病人同时或在一定时间内服用两种或两种以上药物后所产生的复合效应称为药物-药物相互作用，这可使药效加强或药物副作用减轻，也可使药效减弱或出现不应有的毒副作用。作用加强包括疗效提高和毒性增加，作用减弱包括疗效降低和毒性减少，严重的药物-药物相互作用可能使药物失去治疗作用。无论是从治疗效益还是经济效益的角度来考虑，尽快识别潜在的 DDI 都是非常重要的。然而，这项任务面临着成本高、周期长、经济效益低等诸多挑战。

随着人工智能的发展，机器学习方法可以克服临床试验的局限性，从而帮助科研人员快速有效地识别 DDI。深度学习技术已经被广泛应用于解决 DDI 识别问题。识别 DDI 的任务可以建模为二元分类任务。现有的工作包括两个子任务：编码药物特征和预测相互作用。药物相互作用的准确预测很大程度上依赖于有效的特征编码技术，不同的特征编码技术可能引入不同程度的误差。总的来说，常用的特征编码技术可以分为 4 类：基于序列结构、基于图结构、基于文本和基于复杂网络的技术。

8.2　常见的药物相互作用数据库

近年来，研究人员为进行上市新药的安全监测，整合多种数据源构建了多种数据库。一些主要的数据源包括：自发报告系统，其中涵盖医疗保健专业人员或患者对药物不良事件的自发报告；医疗保健专业人员撰写的临床叙述和存储诊断记录的电子健康记录；其他大数据来源，包括与健康相关的推特、博客和论坛等社交媒体帖子。研究人员在以上数据源的基础上构建了大量的生物医学数据库。

DrugBank 数据库是阿尔塔大学将详细的药物数据和全面的药物靶标信息结合起来，得到的真实、可靠的生物信息学和化学信息的数据库，包含药物的生物信息、化学信息和表型信息。该数据库结合了药物的详细化学、药理和制药数据，以及包括药物序列、结构和通路信息在内的全面药物靶标信息。除了已经介绍过的 BindingDB、KIBA、Davis 数据集，还有以下常用数据集。

（1）SIDER（side effect resource）数据库包含关于批准的药物及其报告的副作用的信息，信息提取自公共文件或其他开源文件。

（2）OFF-SIDE（off-label side effects）数据库包含美国食品和药物管理局使用不良事件报告系统生成的药物超说明书副作用，该系统收集了来自医生、患者和制药公司的报告。

（3）TWOSIDES（two drugs side effect resource）数据库包含关于药物组合所造成的副作用的信息，同样由不良事件报告系统生成。

（4）PubChem 数据库能够提供药物准确的结构信息。KEGG（Kyoto encyclopedia of genes and genomes）数据库是一个针对日本、美国和欧洲国家上市的获批药物的综合性数据库，存储了药物的化学结构、靶标、代谢酶等特征信息，还存储了蛋白质通路的相关信息。

药物–药物相互作用语料库（http://www.cs.york.ac.uk/semeval-2013/task9/）提供了一种通用框架，用于从生物医学文本中识别基于药理学物质分类的药物–药物相互作用，是一个用药理学物质及其相互作用进行注释的黄金标准语料库。它是第一个包含药效学的语料库，以显示一种药物被另一种药物修饰后的药理作用。它还包括药代动力学引起的药物–药物相互作用，以显示另一种药物干扰药物的吸收、分布、代谢和消除的结果。

药物用于治疗疾病时，由于各种分子相互作用产生一些副作用，可能会扰乱人类的生物系统，这可以通过分析药物的生物学特性来检测，而另一些副作用则需要考虑药物的化学特性。一般来说，必须同时考虑药物的生物学和化学特性，以便更准确地检测和分类副作用。药物信息可以从 DrugBank、SIDER 和 STITCH 数据库中获取，药物分子结构可以从 PubChem 中下载，用于不良反应的检测和分类。在药物–药物相互作用检测和分类方面，为提取药物相互作用而开发的 DDI 语料库得到了广泛的应用。

8.3　基于序列结构的预测模型

为了预测药物–药物相互作用，研究人员经常利用 PubChem 指纹、SMILES 等分子指纹序列信息来探究化学子结构与诱发药物–药物相互作用之间的关联。

8.3.1　基于相似性的方法

化学指纹可以描述药物的特定性质，如亚结构、相关靶标和副作用等。基于化学指纹的方法侧重于提取序列数据的特征，可以使用自然语言处理方法来处理这些指纹数据，如 word2vec[1]和 seq2seq[2]。

Vilar 等人[3]使用 MOE（molecular operating environment）软件中的 Wash 模块处理从

---

① Mikolov T, Chen K, Corrado G, et al. Efficient estimation of word representations in vector space[J]. arXiv, 2013, 1301.3781.

② Xu Z, Wang S, Zhu F, et al. Seq2seq fingerprint: an unsupervised deep molecular embedding for drug discovery[C]. Proceedings of the 8th ACM International Conference on Bioinformatics, Computational Biology, and Health Informatics, 2017: 285-294.

③ Vilar S, Harpaz R, Uriarte E, et al. Drug-drug interaction through molecular structure similarity analysis[J]. Journal of the American Medical Informatics Association, 2012, 19(6): 1066-1074.

DrugBank 上下载的药物分子的 SMILES 串,使用药物 BIT_MACCS 指纹计算两个药物之间的 Tanimoto 相似性,作为衡量药物相互作用存在的概率。计算药物对的相似性分数过程如图 8.1 所示[①],首先获得药物-药物相互作用矩阵,使用一种新定义的指纹表示药物的子结构信息。新定义的指纹序列指示了该药物与其他药物发生反应的子序列。接着计算指纹之间的 Tanimoto 相似性,作为衡量药物相互作用存在的概率。

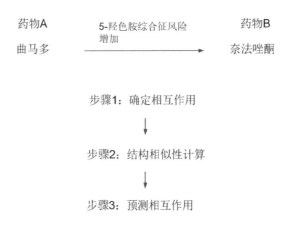

图 8.1　计算药物对的相似性分数

　　一种指纹只能描述药物的特定性质,因此很多研究使用多种指纹(或多个数据源信息)预测药物相互作用。Zhang 等人[②]计算药物副作用和 PubChem 指纹之间的 Tanimoto 相似性来构建药物相似性矩阵,并提出一个标签传播算法来预测药物相互作用。Zhang 等人[③]在研究过程中收集了多种可能影响药物相互作用的药物数据,包括药物亚结构数据、药物靶标数据、药物酶数据、药物转运蛋白数据、药物通路数据、药物适应证数据、药物副作用数据、药物脱药副作用数据以及已知的药物-药物相互作用。采用 3 种有代表性的方法:邻居推荐法、随机游走法和矩阵摄动法,建立了基于不同数据的预测模型,进一步提出了用于预测药物相互作用的灵活的集成框架。Li 等人[④]提出了一个系统药理学框架,称为概率集成方法,用于分析药物组合使用的疗效和不良反应。该系统药理学框架首先计算了 6 种药物相似度度量,包括化学相似度、基于副作用的相似度、解剖治疗与化学分类(anatomical therapeutic chemical,ATC)系统相似度、序列相似度、蛋白质相互作用网络上的距离相似度和基因本体(GO)语义相似度。通过贝叶斯网络整合相似特征,最后通过核密度估计法计算药物相互作用得分。

① Vilar S, Uriarte E, Santana L, et al. Detection of drug-drug interactions by modeling interaction profile fingerprints[J]. PloS One, 2013, 8(3): e58321.

② Zhang P, Wang F, Hu J, et al. Label propagation prediction of drug-drug interactions based on clinical side effects[J]. Scientific Reports, 2015, 5(1): 1-10.

③ Zhang W, Chen Y, Liu F, et al. Predicting potential drug-drug interactions by integrating chemical, biological, phenotypic and network data[J]. BMC Bioinformatics, 2017, 18(1): 1-12.

④ Li P, Huang C, Fu Y, et al. Large-scale exploration and analysis of drug combinations[J]. Bioinformatics, 2015, 31(12): 2007-2016.

8.3.2　相似性和神经网络相结合的方法

随着人工智能的发展，深度学习技术被广泛应用于药物相互作用预测领域，一些与深度学习技术结合的模型在该任务中表现出良好的性能。

Ryu 等人[1]计算两个药物的结构相似性时，首先获得药物相似性矩阵，然后将药物相似性矩阵通过主成分分析法降维，并输入一个深度神经网络中，预测药物相互作用存在的概率，计算过程如图 8.2 所示。Deng 等人[2]设计了一个多模态深度神经网络，可结合药物的不同特征来预测药物相互作用。该多模态深度神经网络使用 4 种类型的药物特征来计算药物相似度，并将其作为药物的特征。基于多层神经网络，将药物的特征分别输入多层神经网络中，预测药物相互作用得分。

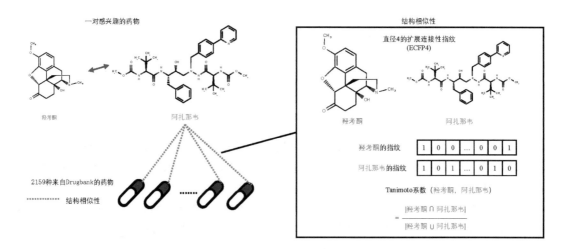

图 8.2　计算药物对的结构相似性（SSP）

8.4　基于图神经网络的预测模型

图神经网络是在卷积神经网络、循环神经网络和深度自编码器的思想下设计的一种专门处理图类数据的方法。图神经网络的出现为预测药物相互作用带来了新的思路，越来越多基于图神经网络的模型开始出现。

① Ryu J Y, Kim H U, Sang Y L. Deep learning improves prediction of drug-drug and drug-food interactions[J]. Proceedings of the National Academy of Sciences of the United States of America, 2018, 115(18): E4304.

② Deng Y, Xu X, Qiu Y, et al. A multimodal deep learning framework for predicting drug-drug interaction events[M]. Bioinformatics, 2020, 36(15): 4316-4322.

8.4.1　基于图神经网络的方法

一些重要的指纹只适用于少量的药物，这会限制数据集的大小。基于指纹的方法对药物空间结构的编码能力有限，缺乏可扩展性。药物是具有空间结构的化学分子，其他一些广泛使用的药物特征编码方法依赖于分子的图结构。模型使用邻接矩阵和特征矩阵表示药物的原子图，如图 8.3 所示。

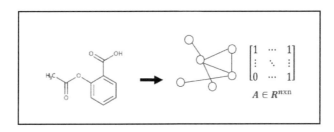

图 8.3　药物分子转化为原子图表示

这类方法的基本思想是提取原子信息作为药物特征，并通过图神经网络对原子信息进行迭代更新。这些方法可以有效地对药物的原子信息进行空间编码。如图 8.4 所示，图神经网络又可以分为图循环神经网络、图卷积网络、图自编码器、图强化学习、图对抗方法。

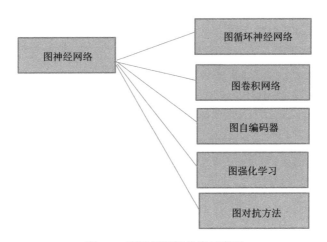

图 8.4　图神经网络分类示意图

Cao 等人[1]通过使用图卷积网络（graph convolutional network，GCN）来学习药物的图形表示，以提高预测的准确性。Andreea 等人[2]使用带有注意力机制的消息传递神经网络更新原子特征。在考虑药物本身原子之间的影响时，同时考虑被预测的另一个药物中原子对

---

① Cao X, Fan R, Zeng W. Deepdrug: A general graph-based deep learning framework for drug relation prediction[J]. biorxiv, 2020.

② Deac A, Huang Y H, Veličković P, et al. Drug-drug adverse effect prediction with graph co-attention[J]. arXiv, 2019, 1905.00534.

当前药物原子的影响。这种外部影响系数通过 Transformer 计算。药物的原子特征包含当前原子间的信息，也包含被预测药物对中另一个药物的原子信息。最后将原子信息聚合为药物特性，进一步预测药物间的相互作用。Chen 等人[1]提出一种具有化学键信息传递的图卷积网络模型来编码药物的图特征，同时在该模型中引入注意力机制，使得模型能够找到与领域知识一致且具有一定可解释性的最重要的局部原子。

8.4.2　基于知识图谱的方法

将与药物相关的多个领域的知识（如蛋白质靶标和基因）结合起来预测药物相互作用的方法也很流行，这种方法不仅仅专注领域特异性知识，它还将药物相互作用预测建模为链路预测任务。首先，基于药物、蛋白质和基因等关系构建异构图；然后，将异构图中的药物关联编码为药物特征。虽然相关领域的信息对药物相互作用预测非常有用，但获取这些信息的成本很高。

Marinka 等人[2]提出了一种建模多药副作用的方法 Decagon。该方法首先构建了蛋白-蛋白相互作用、药物-蛋白靶标相互作用和多药副作用的多模态图，用不同的边代表不同类型的药物相互作用（副作用类型）。然后使用一种在多模态网络中进行多关系链路预测的图卷积神经网络预测潜在的药物相互作用。基于 Marinka 等人的工作，Xu 等人[3]提出了一个三层图信息传递网络，如图 8.5 所示，其中包括蛋白质-蛋白质相互作用层、蛋白质-药物相互作用层和药物-药物相互作用层。图神经网络同时运行在三层图上面，逐步学习药物特征表示，最后预测药物相互作用。

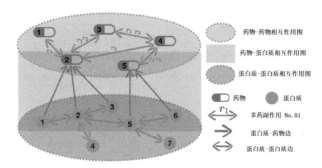

图 8.5　三层图结构信息传递网络

Lin 等人[4]在 KEGG 数据库上构建了一个知识图谱，使用 GCN 提取知识图谱中药物及

① Chen X, Liu X, Wu J. GCN-BMP: Investigating graph representation learning for DDI prediction task[J]. Methods, 2020, 179: 47-54.

② Zitnik M, Agrawal M, Leskovec J. Modeling polypharmacy side effects with graph convolutional networks[J]. Bioinformatics, 2018, 34(13): i457-i466.

③ Xu H, Sang S, Lu H. Tri-graph information propagation for polypharmacy side effect prediction[J]. arXiv, 2020, 2001.10516.

④ Lin X, Quan Z, Wang Z J, et al. KGNN: Knowledge graph neural network for drug-drug Interaction Prediction[C]. International Joint Conference on Artificial Intelligence, 2020, 380: 2739-2745.

其潜在邻域的关联关系，这个方法能够从每个实体的邻域学习药物的局部特征，然后从当前实体的表示中集成带有偏差的邻域信息。通过这种方式，接受域可以扩展到多跳，以模拟高阶拓扑信息，并获得药物潜在的长距离相关性。Yu 等人[①]在 Lin 等人工作的基础上提出一种新的特征提取方法——SumGNN，可以有效地从庞大的知识图谱中提取节点的子图，然后在子图上应用多通道知识和数据集成模块预测药物相互作用。

8.5　信息提取模型

近年来，生物医学文献的数量迅速增长，大量的药物间相互作用信息仍然隐藏在这些非结构化的文章中，这些文献是非常有价值的。全球每周发表的生物医学文章数量可以达到 2 万篇，医生很容易被大量快速更新的文本淹没。因此，研究人员迫切需要从生物医学文献中自动提取药物间相互作用的相关信息。

生物医学文献信息提取方法大致可以分为两类：基于模式的方法和基于特征的机器学习方法。基于模式的方法严重依赖大量手工模式，既耗时又费力，需要一组特定领域的知识。早期的 DDI 提取方法都是基于模式的。例如，Bedmar[②]等人利用药剂师的专家知识总结了一些模式，利用最大频繁序列提取 DDI。在过去的十年里，基于特征的机器学习方法取得了很大的成功，并且比基于模式的方法具有更好的可移植性。随着标注语料库的出现，如 2011 年和 2013 年的 DDI 提取挑战和基准语料库，人们对通过机器学习提取 DDI 的兴趣越来越大。在过去，这个任务的最佳架构称为 FBK-First[③]，这个模型基于一个具有多相内核的支持向量机（support vector machine，SVM）。

DDI 提取是一种典型的关系提取任务，它从自然语言文本中提取不同实体之间的语义关系。各种各样的 DDI 提取方法已经被提出，最新的提取可分为监督方法、半监督方法、无监督方法和远程监督方法。

1. 监督方法

监督方法需要有标注的训练数据，其中每一对实体都用预定义的关系类型标记。使用深度学习的监督方法的性能通常优于传统的基于特征的方法。但该方法也有弊端：尽管数据包含高质量的元组，但这些数据集通常很小，而且生产成本很高。此外，监督分类器是特定于某个垂直领域的，并且很难扩展，因为它们需要新的带注释的训练数据来检测新的关系类型。

① Yu Y, Huang K, Zhang C, et al. SumGNN: multi-typed drug interaction prediction via efficient knowledge Graph Summarization[J]. Bioinformatics, 2021, 37(18): 2988-2995.

② Bedmar IS. Application of information extraction techniques to pharmacological domain: extracting drug-drug interactions[J]. Baillieres Clin Obstet Gynaecol, 2010, 4(3): 609-625.

③ Chowdhury M F M, Lavelli A. FBK-irst: A multi-phase kernel based approach for drug-drug interaction detection and classification that exploits linguistic information[C]. Second Joint Conference on Lexical and Computational Semantics (* SEM), Volume 2: Proceedings of the Seventh International Workshop on Semantic Evaluation (SemEval 2013). 2013: 351-355.

2. 半监督方法

半监督方法也是自然语言处理中的一个重要课题，它利用一些小的数据集来学习如何提取关系，并依赖自引导技术来利用未标记的数据。目前主要的半监督关系提取方法包括自举法、主动学习法和标签传播法。Bootstrapping 算法使用一些种子实例来学习模式/模型以提取关系，如 DIPRE、SnowBall。主动学习法的主要思想是允许学习方法对所选的未标记数据请求正确标记。学习系统 LGCo-Testing 是基于主动学习的一个典型的例子，其性能可与监督方法相媲美。标签传播法是一种基于图的方法，其主要优点是标签由图中有标签的实例和没有标签的实例决定。

3. 无监督方法

无监督关系提取方法是由 Hasegawa 等人①提出的，这个概念被进一步应用于开放信息。这些模型通常使用基于集群的模型来分配实例的标签。虽然无监督方法不需要任何训练数据，但模型产生的结果是次优的。此外，最终的结果难以解释和映射到现有的关系。

4. 远程监督方法

由 Mintz 等人②提出的远程监督是一种有效的关系提取方法。远程监督结合了半监督和无监督关系提取方法的优点，可以从文本中提取新的三元组。远程监督利用以半结构化方式存储数据的大规模知识库（如 Wikidata、Freebase 或 DBPedia）来自动对训练数据进行标记。由于两个相关的实体可能共同出现在一个没有表达它们之间关系的句子中，而且知识库总是不完整的，这些被标注的数据往往包含噪声数据，即标签错误或标签缺失。

深度学习在远程监督关系提取中的第一个应用是分段卷积神经网络，其性能优于基于特征的方法。深度学习模型的性能明显优于非深度学习模型，因此深度学习被认为是影响未来关系提取的重要因素。现有的用于 DDI 提取的深度学习模型都是基于监督方法的。相关的方法有卷积神经网络、循环神经网络、长短期记忆网络等，这些方法依赖上下文提取一个句子中某个单词的向量表示，学习药物单词之间的关系，进一步判断药物相互作用。2011 年，Segura 最早使用基于规则的方法来实现药物间相互作用关系的抽取。由于没有足够的语料集，Segura 等人率先构造了一个语料集。基于该语料集，研究人员从数据中发现一些句子中存在规则，如图 8.6 所示，对这部分规则进行整理，得到了一个规则集。将这些规则应用到语料集中，就能够得到符合规则的药物对。

Jae 等人③使用 LSTM 和门控循环单元（gated recurrent unit，GRU）框架从电子健康记录的非结构化文本中提取医疗事件及其属性。在句子和文档级别上训练 RNN 框架，效果好

① Hasegawa T, Sekine S, Grishman R. Discovering relations among named entities from large corpora[C]//Proceedings of the 42nd Annual Meeting of the Association for Computational Linguistics (ACL-04). 2004: 415-422.

② Mintz M, Bills S, Snow R, et al. Distant supervision for relation extraction without labeled data[C]. Proceedings of the Joint Conference of the 47th Annual Meeting of the ACL and the 4th International Joint Conference on Natural Language Processing of the AFNLP. 2009: 1003-1011.

③ Ryu J Y, Kim H U, Sang Y L. Deep learning improves prediction of drug-drug and drug-food interactions[J]. Proceedings of the National Academy of Sciences of the United States of America, 2018, 115(18): E4304.

于所有基线模型。Hsin 等人[①]使用 CNN、CRNN、RCNN、CNNA 对药物不良反应（adverse drug reaction，ADR）分类，在收集到的推特数据集和 ADE 数据集上进行了评估，结果好于传统的最大熵分类器。De Marneffe 等人[②]使用词嵌入编码药物，将编码后的药物输入经过预先初始化的双向长短期记忆网路（bi-directional long short-term memory，BiLSTM）预测 ADR 类别，方法能够在更长的时间间隔内更有效地学习对所有以前输出以及当前输入的依赖关系。Goodfellow 等人[③]提出了 LSTM-RNN，相比于使用多媒体语料库标注词嵌入，使用临床重症监护医疗信息站（medical information mart for intensive care，MIMIC-III）资料语料库标注词嵌入取得了更好的效果。Chu 等人[④]在 BiLSTM 中开发了情境感知注意力机制，从输入数据的局部学习上下文信息计算权重信号，计算出的注意信号被分配回原始输入数据，使模型具有直观的可解释性，从非结构化电子健康记录数据中检测不良副作用具有较好的性能。

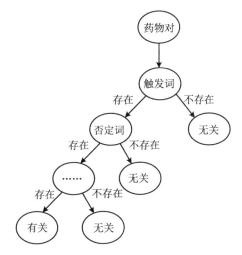

图 8.6　关联规则示例

这里总结了所有使用深度学习方法提取 DDI 的相关模型（见表 8.1），并特别强调了神经网络的体系结构、嵌入等。

表 8.1　使用深度学习方法的信息提取模型

基 本 结 构	模型名称	模　　型	嵌 入 方 法	优 化 器	正则化方法
CNN	CNN	CNN	Word+2position	SGD AdaDelta	L2
	MCCNN	3chanel CNN	Word	SGD AdaDelta	—
	DCNN	CNN-dependency parser	Word+2position	SGD	Dropout

① Hsin C. Implementation and optimization of differentiable neural computers[J]. Technical Report, 2016.

② De Marneffe M C, MacCartney B, Manning C D. Generating typed dependency parses from phrase structure parses[C]. Lrec, 2006, 6: 449-454.

③ Goodfellow I, Bengio Y, Courville A. Deep learning[M]. MIT press, 2016.

④ Chu J, Dong W, He K, et al. Using neural attention networks to detect adverse medical events from electronic health records[J]. Journal of Biomedical Informatics, 2018, 87: 118-130.

续表

基 本 结 构	模型名称	模　　型	嵌 入 方 法	优 化 器	正则化方法
CNN	SCNN	CNN	Word+POS+2position	SGD	—
	DeepCNN	8layers CNN	Word	SGD Adam	Dropout L2
	DeepCNN2	16layers CNN	Word	SGD	Dropout
	ACNN	CNN+Attention	Word+2position	SGD	L2
	GCNN	CNN+GCN	Word+2position	Adam	L2
	Word-CNN	BiLSTM	Word+2position	AdaGrad	Dropout
	Char-RNN	BiLSTM	Char-LSTM+2position	AdaGrad	Dropout
	Two stage-LSTM	BiLSTM	Word+POS+chunk+entity+2position	SGD	Dropout
RNN	Skeleton-LSTM	Skeleton-LSTM	Word+2position	—	—
	DLSTM	BiLSTM+dependency parser	Word+2position	Adam	Dropout L2
	ATT-BiLSTM	BiLSTM+Attention	Word+2position+POS	RMSprop	
	ASDP-LSTM	BiLSTM+Attention+SDP	Word+2position+POS	RMSprop	
	2ATT-RNN	GRU+2Attention	Word+2position	Adam	Dropout L2
	PM-BiLSTM	Multitask+BiLSTM+Attention	Word+2position	AdaMax	Dropout L2
	Joint-ALSTM	2BiLSTM+Attention	Word+2position	Adam	Dropout L2
	FullA-LSTM	BiLSTM+Attention	Word+2position+concept	Adam	Dropout
	BR-LSTM	BiLSTM	Word+2position+concept	RMSprop	Dropout L1 L2
Recursive NN	Re-NN	Recursive NN	Word	—	—
	Tree-LSTM	Tree-LSTM	Word+2position	—	Dropout L2

8.6　基于复杂网络的方法

复杂网络相关研究开始于 20 世纪 90 年代,作为研究复杂系统相关问题的方法而出现。在相关研究中,把满足自组织、自相似、吸引子、小世界和无标度等一个或多个性质的网络称为复杂网络。复杂网络中的度分布呈现出明显的幂律分布,而有些网络中则可清晰地划分出不同的社区结构。这些独特的性质使得研究人员对复杂网络的研究具有浓烈的兴趣,希望能通过对复杂网络的研究进一步揭开真实世界的运行规律。

药物相互作用网络是以药物为节点、药物间的相互作用为边构成的,本质上是复杂网络的一种。而链路预测是基于已知网络的节点属性和网络图谱结构，去计算和预测本不存在边的两点之间存在相互作用的可能性。这与我们使用现有药物相互作用网络去预测潜在的药物间相互作用本质上是一样的，药物间相互作用预测问题被转化为链路预测问题。链路预测依赖于已知网络，已知网络的疏密性、网络结构差异会对预测结果产生非常大的影响，并且方法不同，其预测结果可能也会相差很多。对于药物间相互作用预测来说，本质上和其他复杂网络预测是一样的。

　　基于节点相似性方法的节点相似性一般是根据节点属性和其在网络中的拓扑关系进行计算的，但是在某些复杂网络中，节点的属性信息是隐藏或不可得到的，因此，大多数节点相似性指标是基于网络拓扑结构进行计算的。节点相似性方法计算简单、便于理解。

　　基于似然分析方法的核心是利用已知网络的链路情况及其拓扑结构信息，去计算网络中不存在相互关系的两个节点间的一个似然性，并根据其似然结果分析其连边的可能性，这本身是一种算法框架。许多研究表明，很多现实网络是具有层次结构的，而 Clauset 等人[①]认为网络内部的这些层次结构信息对于预测未知关系尤为重要，并基于此使用最大似然方法实现了预测。这种方法对于层次结构明显的网络（如代谢网络、大脑神经网络等）有比较好的预测精度，但是对于除此之外的网络效果并不好。从实际应用结果来看，基于似然分析的方法需要精密的设计，而且非常耗时，最多只能处理上千个节点的网络，无法处理节点数更多的网络。

　　基于概率模型的方法旨在从观测网络中抽象出潜在的结构，然后利用所学习的模型预测可能存在的边。给定一个目标网络，然后构造一个目标函数，找到该目标函数拟合此网络时的最优参数，得到该网络的概率模型，最后通过概率模型计算网络中未知边的条件概率。例如，Friedman 等人[②]提出的概率关系模型 PRM（probabilistic relational model）、Heckerman 等人[③]提出的概率实体关系模型 PERM（probabilistic entity relationship model）以及 Yu 等人[④]提出的随机关系模型 SRM（stochastic relational model）。

8.7　总　　结

　　随着人们对健康问题的不断关注，用药问题成为热议的话题。现代医学的发展大大促进了患者的多药联合使用，尤其是对患多种慢性疾病的老年人和需要长期用药保持疗效的病人，联合用药的理想结果是增强药物的治疗效果，减少用药剂量和不良反应。在实际的临床治疗过程中，药物同时使用可能会产生超出预期的结果，我们需要对结果进行深度的

① Clauset A, Moore C, Newman M Ej. Hierarchical structure and the prediction of missing links in networks[J]. Nature, 2008, 453(7191): 98-101.
② 熊旭东. PK/PD 参数于抗菌药物的优化用药[D], 2012.
③ Heckerman D, Meek C, Koller D. Probabilistic entity-relationship models. PRMs, and plate models[J]. Introduction to Statistical Relation Learning, 2007: 201-238.
④ Yu K, Chu W, Yu S, et al. Stochastic relational models for discriminative link prediction[J]. Advances in Neural Information Processing Systems, 2006, 19.

解析。药物间相互作用是药物治疗中一个非常重要的风险因子，可能给患者带来严重的副作用，甚至导致患者死亡。虽然在药物开发阶段会通过大量体内和体外实验筛查出一些可能会发生不良药物相互作用的组合，但是在药物投入市场以后，仍出现了大量新的副作用，威胁着病人的身体健康和生命安全。

尽早识别潜在的药物间相互作用关系对于预防联合用药带来的副作用非常有必要。近年来，随着医疗信息化快速发展和不断完善，我们拥有了丰富的医药电子资源，包括药物分子的结构信息、药物蛋白质信息、药物基因信息等。深度学习和大数据技术的发展为我们充分利用这些资源进行有意义的科学研究提供了可能，如药物-靶标关系预测、再入院预测、个性化医疗方案制定等。其中，药物间相互作用的预测也是许多科研工作者关注的重点研究方向。现有的传统计算性方法大致可以分为基于序列的、基于图的、基于文本的，这些方法都存在一定局限性，因而导致对药物特征编码不够充分，从而影响下游任务的准确性。此外，一些药物相互作用可以通过观察药物的靶标等相关领域信息来判断。

为了更准确地检测和分类药物相互作用，集成药物的相关信息是很重要的。我们需要从多个角度观察、提取、编码药物的不同维度的特征，来获得药物的高阶表示。另外，用于预测药物相互作用的模型也很容易迁移到其他问题上，如药物蛋白质亲和力预测、药物重定位等。这是一个很有潜力的研究方向，值得我们继续探索。

更多参考文献请扫描下方二维码获取。

第 9 章　生物医药知识图谱

9.1　概　　述

随着生物医学数据的不断增加，如何实现数据的高效集成和有效信息提取已成为关键问题。为了解决这个问题，知识图谱被用于药物发现。用于集成生物医学数据的传统图和网络多数仅包含一种类型的关系（例如，蛋白质之间的相互作用），而知识图谱能够提供异构的多种类型信息，包括多种不同的实体（例如，蛋白质、药物、通路、DNA 等）和多种类型的关系（例如，药物-药物对或药物-靶标对之间的相互作用）。知识图谱还可以提供每个实体之间的非结构化语义关系。在知识图谱中，实体或实体属性表示为节点，实体之间、实体-属性、属性之间的关系表示为连接各个节点的边，这种组织形式使得生物系统中实体之间的复杂关系可以很容易地用知识图谱建模。

随着人工智能的发展，通过将先进的深度学习方法引入分子性质预测和从头分子设计与优化，使传统药物的发现得到了极大的改进。这些突破性创新缩短了药物发现周期，降低了成本。研究人员通常通过预测已知实体之间的关系来实现药物重定位和不良反应预测。例如，Thafar 等人[①]在应用相似性选择程序和相似性融合算法后，将多种药物-药物相似性和靶点-靶标相似性整合到最终的异构图构造中，并结合不同的计算技术，包括图嵌入、图挖掘和机器学习，来提供最终的药物-靶标预测。在应用相似性选择程序和相似性融合算法后，将多种药物-药物相似性和靶点-靶标相似性整合到最终的异构图构造中。Yu 等人[②]介绍了一种用于分子表示的图神经网络架构，名为 Attentive FP。它使用图注意力机制从相关的药物发现数据集中学习，预测药物-药物相互作用以识别不良反应。大多数现有工作遵循图 9.1 所示的方案，而基于生物医学知识图谱的药物重定位和药物不良反应预测在此基础上增加了药物发现的机会。在本章节中，总结了利用知识图谱辅助药物发现的先进工作，介绍了最近在药物重定位和药物不良反应预测领域中基于知识图谱的工作，并探讨了药物发现的前景。

① Thafar M A, Olayan R S, Ashoor H, et al. DTiGEMS+: Drug-target interaction prediction using graph embedding, graph mining, and similarity-based techniques[J]. Journal of Cheminformatics, 2020, 12(1): 1-17.
② Xiong Z, Wang D, Liu X, et al. Pushing the boundaries of molecular representation for drug discovery with the graph attention mechanism[J]. Journal of medicinal chemistry, 2019, 63(16): 8749-8760.

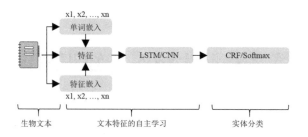

图 9.1　基于知识图谱的药物发现预测过程

9.2　构建生物医药知识图谱的常见数据库

大量与药物相关的数据随生物医学的最新研究而产生，目前已经有许多举措来帮助研究人员有效处理大量数据，其中包括非结构化的数据库和图谱形式的药物知识库。知识库的范围从具有特定重点的简单内容到包含药物几乎所有方面信息的综合性内容。这些精心策划的药物知识库有助于开发高效和有效的健康信息技术，以更好地提供医疗保健服务。了解和比较现有的药物知识库以及它们如何应用于各种生物医学研究，将有助于认识最先进的技术并在未来设计更好的知识库。

生物医药知识图谱的构建依赖于各种数据源，包括非结构化数据库和结构化本体。表 9.1 总结了常用数据库的简要说明和标签。每个数据源都有一个特定标签，用来表示数据库中的主要数据类型。例如，DrugBank[①]和 SuperTarget[②]主要包含药物性质，而 PubChem[③]和 ChEMBL[④]提供化合物的功能和生物活性等信息。Zhu 等人[⑤]对药物文库进行了概述，对现有药物文库的应用提供了有价值的见解。研究人员通过回顾成功用例，深入了解药物知识库的新应用，回顾现有流行的药物知识库及其在药物相关研究中的应用；讨论了构建和使用药物知识库的挑战以及未来的研究方向，以建立更好的药物知识库生态系统。研究人员还使用文本挖掘技术从已发表的文献中提取实体和关系。GNBR 和 DRKG 是两个公开的知识图谱，包含从生物医学出版物中提取的信息。Hetionet 是通过整合 29 个公共数据源中的数据构建的，而 CBKH 是通过收集和整合来自不同生物医药文库和知识图谱的数据构建的。

① Wishart D S, Craig K, Guo A C, et al. DrugBank: a knowledgebase for drugs, drug actions and drug targets[J]. Nucleic Acids Research, 2008, 36(suppl_1): D901-D906.

② Nikolai H, Jessica A, Joachim V E, et al. SuperTarget goes quantitative: update on drug–target interactions[J]. Nucleic Acids Research, 2012, 40(D1): D1113-D1117. 2

③ Kim S, Thiessen P A, Bolton E E, et al. PubChem substance and compound databases[J]. Nucleic Acids Research, 2016, 44(D1): D1202-D1213.

④ Anna G, Bellis L J, Patricia B A, et al. ChEMBL: a large-scale bioactivity database for drug discovery[J]. Nucleic Acids Research, 2012, 40(Database issue): D1100-D1107.

⑤ Zhu Y, Elemento O, Pathak J, et al. Drug knowledge bases and their applications in biomedical informatics research[J]. Briefings in Bioinformatics, 2019, 20(4): 1308-1321.

表 9.1 构建生物医学知识图谱的常见数据库

数据库	标签	描述	年份	链接
DrugBank	Drug	包含全面的药物-靶标信息和药物特性	2008	https://go.drugbank.com/
SuperTarget	Drug	包含药物和靶标之间结合的亲和力	2012	http://bioinformatics.charite.de/supertarget/
PubChem	Chemical	提供有关化合物和生物活性的信息	2016	https://pubchem.ncbi.nlm.nih.gov/
ChEMBL	Chemical	包含化合物的生物活性测量、蛋白质靶标的功能信息和类药化合物	2012	https://www.ebi.ac.uk/chembldb
UniProt	Protein	包含蛋白质序列和功能信息	2019	https://www.uniprot.org/
TTD	Protein	提供有关治疗靶点的信息,包括蛋白质和核酸	2002	http://db.idrblab.net/ttd/
PharmGKB	Gene	包含基因组学、表型和临床信息	2013	http://www.pharmgkb.org
GO	Gene	提供与基因及其产物的功能相关的结构化知识	2019	http://geneontology.org
KEGG	Gene	将基因组学信息与高阶功能信息联系起来,并提供对基因功能的系统分析	2000	http://www.genome.ad.jp/kegg/
Reactome	Pathway	包含通路、反应和生物过程	2010	http://www.reactome.org
HPO	Disease	通过特定术语描述人类疾病的表型异常并提供标准化词汇	2017	www.human-phenotype-ontology.org
SIDER	Side Effect	包含药物、药物不良反应和药物-不良药物反应对	2016	http://sideeffects.embl.de
TWOSIDES	Side Effect	包含多药副作用信息	2012	http://tatonettilab.org/resources/tatonetti-stm.html

9.3 知识图谱嵌入模型

研究人员利用知识表示学习将知识图谱嵌入低维向量中以完成预测任务。为了提供关于学习知识图谱表示的概念性理解,表 9.2 介绍了具有代表性的知识图谱嵌入模型,并提供了相关链接供感兴趣的研究人员跟进。在这些模型中,基于翻译和基于张量分解的模型是两类经典模型。基于神经网络的模型在知识表示学习中越来越流行,这些模型的架构如图 9.2 所示。Li 等人[1]从分子、基因组学、治疗学和医疗保健等层面对生物医学网络的图

---

① Li M M, Huang K, Zitnik M. Representation learning for networks in biology and medicine: advancements, challenges, and opportunities[J]. 2021.

表示学习进行了探讨。Su 等人[①]从其他视角介绍了生物医学领域的网络嵌入相关工作。

表 9.2　知识图谱嵌入模型

类别	模型	描述	年份	源码
基于翻译	TransE	一个经典的基于翻译的模型，在处理具有 1-to-1 映射属性的关系时具有很好的性能	2013	https://github.com/ZichaoHuang/TransE
	TransH	主要在关系建模方面扩展 TransE，能处理更复杂的映射属性，包括 N-to-N、N-to-1 和 1-to-N	2014	https://github.com/thunlp/OpenKE
	TransROWL	在训练过程中将背景知识引入嵌入中	2021	https://github.com/Keehl-Mihael/TransROWL-HRS
	PairRE	旨在对具有对称/反对称、反演和组合模式的关系进行建模	2020	https://bit.ly/3Cjn2t9
基于张量分解	RESCAL	使用矩阵四元数来表示图谱中的三元组	2011	https://github.com/mnick/rescal.py
	DistMult	通过将第 k 种关系的矩阵限制为对角矩阵来简化 RESCAL	2014	https://github.com/thunlp/OpenKE
	ComplEx	在复数空间进一步扩展 DistMult	2016	https://github.com/ttrouill/complex
	TuckER	基于 Tucker 分解的新模型	2019	https://github.com/ibalazevic/TuckER
	SimplE	增强 CP 张量分解并独立学习每个实体的两种嵌入表示	2018	https://github.com/Mehran-k/SimplE
	MEI	一种自动学习相互作用机制并将关系或实体的嵌入表示划分为多个分区的新框架	2020	https://github.com/tranhungnghiep/AnalyzeKGE
基于神经网络	KGNN	基于图神经网络的模型，可以捕获知识图谱中的高阶结构和语义关系	2020	https://github.com/xzenglab/KGNN
	KE-GCN	基于图卷积的模型，在递归聚合过程中联合传播、更新实体和关系的嵌入表示	2021	https://github.com/PlusRoss/KE-GCN
	AAE	一种使用对抗自编码器生成知识图谱表示的方法	2020	https://github.com/dyf0631/AAE_FOR_KG
	ConvE	将二维卷积引入实体和关系之间的建模	2018	https://github.com/TimDettmers/ConvE
	TransMTL	一种结合卷积神经网络和翻译方法的新模型，可同时学习图谱的多种嵌入	2021	https://github.com/daiquocnguyen/ConvKB

---

① Su C, Tong J, Zhu Y, et al. Network embedding in biomedical data science[J]. Briefings in Bioinformatics, 2020, 21(1): 182-197.

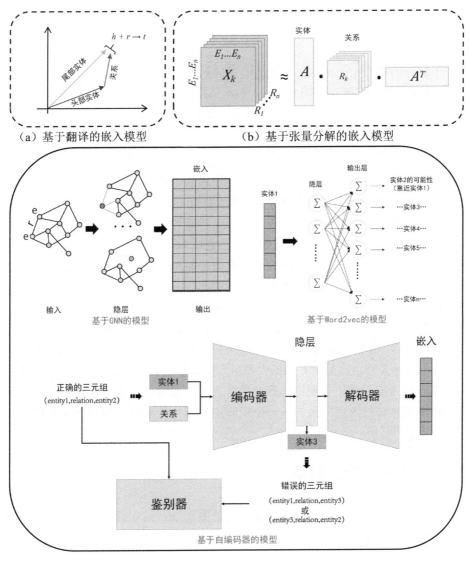

（a）基于翻译的嵌入模型　　　（b）基于张量分解的嵌入模型

（c）基于神经网络的嵌入模型

图 9.2　具有不同架构的嵌入模型

　　如图 9.2（a）所示为基于翻译的嵌入模型，其中 h、r、t 分别是头部实体、关系和尾部实体嵌入表示。如图 9.2（b）所示为基于张量分解的嵌入模型，其中 $E_1, \cdots, E_n$ 表示实体，$R_1, \cdots, R_n$ 表示关系，X_k 是三维张量的第 k 个切片，可以分解为关系潜在特征 R_k 和矩阵 A，A 包含了实体潜在特征。如图 9.2（c）所示为基于神经网络的嵌入模型。图神经网络作为编码器产生嵌入表示；基于 word2vec 的模型以一个实体为输入，输出多个实体在输入实体附近的概率；基于对抗自编码器的模型通过编码器生成负样本，并使用判别器区分正负三元组来提高嵌入的准确性。

9.3.1 基于翻译的模型

在基于翻译的模型中，关系 r 被视为一种映射关系，通过它可以将头部实体 h 投影到接近尾部实体 t 的嵌入空间，如图 9.2（a）所示。其中，$r \in R$（关系集合），$h, t \in E$（实体集合），三元组 (h, r, t) 通常代表一个事实。例如，（抗凝剂，出血，塞来昔布）是一个药物-药物相互作用事实，说明抗凝剂和塞来昔布可以相互增强而引起出血。TransE[1]是最经典的基于翻译的模型，它使用三元组 (h, r, t) 作为正样本，将 (h', r, t') 作为负样本。负样本是通过用随机实体替换正样本中的实体来生成的，遵循条件 $h + r \approx t$。研究人员通过最小化 $h + r$ 和 t 之间的距离和最大化 $h' + r$ 和 t' 之间的距离来训练模型。然而，TransE 在具有复杂映射属性（N-to-N、N-to-1 和 1-to-N）的建模关系上表现不佳。为了解决这个问题，Wang 等人[2]提出 TransH 模型，将每种关系建模为一个超平面，要求 h 和 t 的投影在该超平面上接近。为了进一步增强基础的翻译模型，如 TransE 等，TransROWL[3]在训练过程中考虑了背景知识并将背景知识引入嵌入表示中。

在设计模型时，对合成、反演和对称（或反对称）关系模式进行泛化很重要，Sun 等人[4]提出了将关系作为从头实体到尾实体的旋转的 RotatE。在 RotatE 中，关系和实体被投影到复数空间中。为了同时处理具有不同映射属性和模式的关系，Chao 等人[5]提出了 PairRE，其中每种关系由向量对 r^H 和 r^T 表示，实体基于关系向量对投影到欧几里得空间。Yu 等人[6]提出了 MQuadE，使用矩阵四元数来表示三元组。头部实体被投影到关系的一个矩阵中，尾部实体被投影到关系的另一个矩阵中，两个关系矩阵都与正样本相似，与负样本不同。

9.3.2 基于张量分解的模型

基于张量分解的方法可以将关系建模为三维张量 X，而无须依赖任何关于知识图谱的信息。张量的两个维度表示实体，另一个维度表示关系，如图 9.2（b）所示。X_k 表示对于关系 k 的实体邻接矩阵，如果实体 i 和实体 j 之间存在关系 k，张量值 X_{ijk} 将被设置为 1，

① Bordes A, Usunier N, Garcia-Duran A, et al. Translating embeddings for modeling multi-relational data[J]. Advances in Neural Information Processing Systems, 2013, 26.

② Wang Z, Zhang J, Feng J, et al. Knowledge graph embedding by translating on hyperplanes[C]. Proceedings of the AAAI Conference on Artificial Intelligence. 2014, 28(1).

③ d'Amato C, Quatraro N F, Fanizzi N. Injecting background knowledge into embedding models for predictive tasks on knowledge graphs[C] European Semantic Web Conference. Springer, Cham, 2021: 441-457.

④ Sun Z, Deng Z H, Nie J Y, et al. Rotate: knowledge graph embedding by relational rotation in complex space[J]. arXiv, 2019, 1902.10197.

⑤ Chao L, He J, Wang T, et al. PairRE: knowledge graph embeddings via paired relation vectors[J]. arXiv, 2020, 2011.03798.

⑥ Yu J, Cai Y, Sun M, et al. Mquade: a unified model for knowledge fact embedding[C] Proceedings of the Web Conference 2021. 2021: 3442-3452.

否则设置为 0。RESCAL[①]是一个典型的基于张量分解的模型，它根据公式 $X_k \approx AR_k A^T$，通过分解 X_k 来学习实体嵌入。矩阵 A 包含实体的潜在特征表示，R_k 是实体潜在特征在关系 k 中的相互作用。为了简化 RESCAL，DistMult[②]将 R_k 限制为对角矩阵并将每种关系映射到固定的 d 维向量。由于 DistMult 更适用于对称知识图谱，Trouillon[③]提出 ComplEx 模型，在复数空间进一步扩展 DistMult。这 3 种模型可以被认为是 TuckER 的特例，TuckER 基于 Tucker 分解将张量分解为一个核张量与每一维度上对应矩阵的乘积。Luo 等人[④]设计了基于 Block term 分解的 BTDE 模型，该模型可以生成具有可解释性的低维嵌入。

大多数现有的知识图谱嵌入模型都面临着内存消耗大的挑战，尤其是应用于大规模知识图谱时。为了减少使用内存，Kishimoto 等人[⑤]提出了一种新方法，其中 CP 分解方法的参数被二值化以减小模型规模。基于 CP 分解的模型倾向于为每个实体学习两个独立的嵌入。因此，Kazemi 等人[⑥]提出了一种称为 SimplE 的模型对 CP 分解进行强化，SimplE 学习的实体的两个嵌入相互依赖。此外，每个实体的嵌入通常被视为一个整体，这在实现大规模嵌入时可能会导致可扩展性问题。对于这个问题，Tran 等人[⑦]提出了一个称为 MEI 的新框架，其中每个嵌入被分成多个部分，以便有效地对相互作用进行建模。

9.3.3　基于神经网络的模型

嵌入模型通过引入神经网络架构，将知识图谱的表示编码到具有非线性变换的向量空间中。对于知识表示学习，图神经网络是一种有效的架构，因为它能够获得节点之间潜在的长距离相关性。受此启发，Lin 等人[⑧]提出了一种称为 KGNN 的端到端模型，利用图神经网络来保留药物之间的高阶拓扑结构。该方法聚合来自邻域实体的信息以学习目标实体的表示，并捕获高阶结构和语义关系。Yu 等人[⑨]提出的 KE-GCN 利用图卷积网络来学习知识

① Nickel M, Tresp V, Kriegel H P. A three-way model for collective learning on multi-relational data[C]. Icml. 2011.
② Yang B, Yih W, He X, et al. Embedding entities and relations for learning and inference in knowledge bases[J]. arXiv, 2014, 1412.6575.
③ Trouillon T, Welbl J, Riedel S, et al. Complex embeddings for simple link prediction[C]. International conference on machine learning. PMLR, 2016: 2071-2080.
④ Luo T, Wei Y, Yu M, et al. BTDE: block term decomposition embedding for link prediction in knowledge graph[M]. ECAI 2020. IOS Press, 2020: 817-824.
⑤ Kishimoto K, Hayashi K, Akai G, et al. Binarized canonical polyadic decomposition for knowledge graph completion[J]. arXiv, 2019, 1912.02686.
⑥ Kazemi S M, Poole D. Simple embedding for link prediction in knowledge graphs[J]. Advances in Neural Information Processing Systems, 2018, 31.
⑦ Tran H N, Takasu A. Multi-partition embedding interaction with block term format for knowledge graph completion[J]. arXiv, 2020, 2006.16365.
⑧ Lin X, Quan Z, Wang Z J, et al. KGNN: knowledge graph neural network for drug-drug interaction prediction[C]. IJCAI. 2020, 380: 2739-2745.
⑨ Yu D, Yang Y, Zhang R, et al. Knowledge embedding based graph convolutional network[C]. Proceedings of the Web Conference 2021. 2021: 1619-1628.

图谱表示，并且实体和关系的嵌入在递归聚合过程中联合传播和更新。Feeney 等人[1]提出了一种用于药物相互作用预测的多关系图神经网络模型，称为 RS-GCN。在 RS-GCN 中，对采样邻域之间存在的关系类型的重要性进行建模，关系类型的学习概率可以反映频率和重要性，从而提供更可靠的结果。

除了图神经网络，word2vec 是最常用的知识图谱嵌入架构。这种模型以一个实体作为输入，输出多个实体。在训练过程中，实体被初始化为 one-hot 编码，并被更新为激活权重和当前表示的乘积。Alshahrani 等人[2]利用 DeepWalk 从文献中为每个实体生成一个语料库，并扩展 word2vec，从而基于文本语料库学习实体的表示。此外，基于学习到的表示训练监督模型来预测药物-靶标相互作用和药物-疾病关联。更多的神经网络架构已被应用于学习知识图谱表示以获得更好的性能。例如，Dai 等人[3]构建了一个对抗自编码器，由自动编码器和鉴别器组成。编码器生成的潜在向量用作负样本的表示，解码器用于将潜在向量重建输入实体的表示。为了优化自编码器以生成更有效的嵌入，训练鉴别器以使编码器生成更接近输入实体表示的潜在向量。卷积神经网络能够通过多层网络结构改进表达能力并同时保持参数高效。Dettmers 等人[4]提出了 ConvE，它利用带有卷积层和全连接层的二维卷积来模拟实体间的相互作用。最近的工作结合了基于翻译的模型和神经网络的非线性拟合能力。例如，Dou 等人[5]设计了一个基于多任务学习的模型，命名为 TransMTL。在这个模型中，结合了翻译和神经网络方法来同时学习知识图谱的多个嵌入。Che 等人[6]提出 ParamE，将关系的嵌入作为模型的参数，该模型分别以头部实体和尾部实体作为输入和输出。

9.4　基于知识图谱的生物医学预测任务

9.4.1　药物不良反应预测

药物不良反应是指不符合预期治疗效果的不良反应，常对患者造成伤害。在药物上市之前，会安排一些临床试验来测试其安全性。然而，只有 1000～5000 名患者有可能参加 III 期临床试验，大多数不同健康状况的患者情况被忽略。因此，安全检测往往取决于临床试验的灵敏度。引起药物不良反应的一个因素是药物之间相互作用导致的多药副作用。一项

① Feeney A, Gupta R, Thost V, et al. Relation-Dependent Sampling for Multi-Relational Link Prediction[J].

② Alshahrani M, Thafar M A, Essack M. Application and evaluation of knowledge graph embeddings in biomedical data[J]. PeerJ Computer Science, 2021, 7: e341.

③ Dai Y, Guo C, Guo W, et al. Drug–drug interaction prediction with Wasserstein Adversarial Autoencoder-based knowledge graph embeddings[J]. Briefings in Bioinformatics, 2021, 22(4): bbaa256.

④ Dettmers T, Minervini P, Stenetorp P, et al. Convolutional 2d knowledge graph embeddings[C]. Proceedings of the AAAI Conference on Artificial Intelligence. 2018, 32(1).

⑤ Dou J, Tian B, Zhang Y, et al. A novel embedding model for knowledge graph completion based on multi-task learning[C]. International Conference on Database Systems for Advanced Applications. Springer, Cham, 2021: 240-255.

⑥ Che F, Zhang D, Tao J, et al. Parame: Regarding neural network parameters as relation embeddings for knowledge graph completion[C]. Proceedings of the AAAI Conference on Artificial Intelligence. 2020, 34(03): 2774-2781.

调查表明，3%～5%的用药错误是由意外但可预防的药物相互作用引起的。由于传统实验耗时且成本高，计算方法提供了预测药物相互作用的有效策略。

蛋白质甲基化是一种重要的翻译后修饰，在许多细胞过程中起着至关重要的作用。蛋白质甲基化位点的准确预测对于揭示甲基化的分子机制至关重要。作为第一个基于机器学习方法在序列级别分析各种生物序列的 Web 服务器，BioSeq-Analysis 帮助开发了计算生物学领域中许多强大的预测器。然而，BioSeq-Analysis 是一种智能工具，能够自动生成各种预测因子，用于残基级别的生物序列分析。序列级别是非常需要的，Liu 等人[1]发布了一个重要的更新服务器，涵盖残基级别的 26 个特征和序列级别的 90 个特征，称为 BioSeq-Analysis2.0。用户只需要上传基准数据集，BioSeq-Analysis2.0 就可以生成残基水平分析和序列水平分析任务的预测因子。此外，它还提供了相应的独立工具。BioSeq-Analysis2.0 是第一个在残留水平上为生物序列分析任务生成预测因子的工具。近年来，基于机器学习算法的计算预测已成为识别甲基化位点的一种强大而稳健的方法，并且在预测性能改进方面取得了很大进展。然而，现有方法的预测性能在整体准确性方面并不令人满意。受此启发，Wei 等人[2]提出了一种新的基于随机森林的预测器，称为 MePred-RF。该预测器集成了几个基于判别序列的特征描述符，并使用强大的特征选择技术提高了特征表示能力。与其他基于多个复杂信息输入的方法不同，MePred-RF 仅基于序列信息。

随着宏基因组学和微生物组学的发展，序列聚类引起了新的关注。序列聚类是一项基本的生物信息学任务。由于最新的测序技术降低了成本，因此产生了大量的 DNA/RNA 序列。目前使用稳定、快速和准确的方法对序列数据进行聚类存在很大挑战。对于微生物组测序数据，通常使用 16S 核糖体 RNA 操作分类单位。然而，算法开发人员和生物信息学用户之间往往存在差距。不同的软件工具可以产生不同的结果，用户会发现它们难以分析。了解不同的聚类机制对于理解它们产生的结果至关重要。Zou 等人[3]选择了几个流行的聚类工具，简要解释了关键的计算原理，并使用两个独立的基准数据集进行了比较。

许多框架对预测药物不良反应做出了积极的贡献。Ryu 等人[4]开发了 DeepDDI 框架，利用药物的名称和结构信息来预测药物相互作用类型以及药物-食物相互作用。Deng 等人[5]提出了基于多模态学习的 DDIMDL，该模型结合了药物的 4 个特征，包括化学子结构、靶标、酶和通路，来学习实体表示。一种药物用一个二元向量表示，当原始特征存在时，二元向量中的一个值设置为 1，否则设置为 0。

为了准确地预测新药的不良反应，人们充分利用了现有的不良反应相关数据。知识图

① Liu B, Gao X, Zhang H. BioSeq-Analysis2.0: an updated platform for analyzing DNA, RNA and protein sequences at sequence level and residue level based on machine learning approaches[J]. Nucleic acids research, 2019(20): e127.

② Wei L, Xing P, Shi G, et al. Fast prediction of protein methylation sites using a sequence-based feature selection technique[J]. IEEE/ACM Transactions on Computational Biology and Bioinformatics, 2017, 16(4): 1264-1273.

③ Zou Q, Lin G, Jiang X, et al. Sequence clustering in bioinformatics: an empirical study[J]. Briefings in Bioinformatics, 2020, 21(1): 1-10.

④ Ryu J Y, Kim H U, Lee S Y. Deep learning improves prediction of drug－drug and drug－food interactions[J]. Proceedings of the National Academy of Sciences, 2018, 115(18): E4304-E4311.

⑤ Deng Y, Xu X, Qiu Y, et al. A multimodal deep learning framework for predicting drug－drug interaction events[J]. Bioinformatics, 2020, 36(15): 4316-4322.

谱是一种常见的选择，用于集成异构数据和完善潜在信息，以便更好地预测不良反应。Abdelaziz 等人[1]设计了一种基于相似性的模型——Tiresias，它将药物相互作用建模为知识图谱中的链接，并将药物相互作用预测作为链接预测。研究人员构建了一个包含药物属性和关系的生物医药知识图谱，并通过计算药物之间的相似性来推断相互作用。Tiresias 模型可以使用从知识图谱中衍生的全局和局部特征来预测潜在的相互作用。Karim 等人[2]没有计算药物之间的相似性值，而是尝试学习知识图谱的嵌入表示并利用学习到的表示来预测药物相互作用。他们通过整合来自各种数据库的 1200 种药物特征构建了一个知识图谱，并训练 ComplEx 来学习药物表示。药物之间的关系由药物-药物对中每种药物的联合表示，研究人员使用 Conv-LSTM，根据学习到的关系表示预测药物相互作用。在这项工作中，研究人员利用长短期记忆网络来保持药物之间的远距离效应，这与 Wu 等人[3]在 MoleculeNet 中利用"全局特征"具有相同的目的。分子机器学习在过去几年中迅速成熟，由于改进方法和大数据集的存在，机器学习算法对分子特性做出的预测越来越准确。然而，由于缺乏标准基准来比较所提出方法的功效，算法的进展受到了限制。大多数新算法都在不同的数据集上进行了基准测试，这使得评估所提出方法的质量具有挑战性。Wu 等人的工作介绍了分子机器学习的大规模基准 MoleculeNet。MoleculeNet 管理多个公共数据集，建立评估指标，并提供多个先前提出的分子特征化和学习算法的高质量开源实现（作为 DeepChem 开源库的一部分发布）。MoleculeNet 基准测试表明，可学习的表示是分子机器学习的强大工具，并且广泛地提供了最佳性能。然而，这个结果带有一些警告。在数据稀缺和高度不平衡的分类下，可学习的表示仍然难以处理复杂的任务。对于量子力学和生物物理数据集，物理感知特征的使用可能比特定学习算法的选择更重要。

在不使用任何关于药物特性和结构信息的情况下，Dai 等人用仅包含各种药物名称和相互作用的知识图谱来训练相互作用预测模型。一个对抗自编码器被设计为嵌入模型，该模型的解码器用于生成负样本。Lin 等人使用知识图谱和药物相互作用矩阵作为输入，将预测问题建模为一个二元分类问题，并提出了一种 KGNN 模型，KGNN 的预测值代表了目标药物-药物对之间是否存在相互作用。研究人员结合知识图谱和图神经网络来捕获语义关系和高阶结构，解决了以往工作中的挑战。

大多数研究倾向于提高嵌入模型的有效性和准确性，而忽略了任务的多样性。药物相互作用预测通常被建模为二分类问题，而多类型药物相互作用的预测更有意义。

分子结构中包含的信息与关系和拓扑结构信息一样重要。为了整合药物结构和知识图谱中包含的信息，Chen 等人[4]提出了 MUFFIN 模型，该模型分别通过消息传递神经网络和

① Abdelaziz I, Fokoue A, Hassanzadeh O, et al. Large-scale structural and textual similarity-based mining of knowledge graph to predict drug-drug interactions[J]. Journal of Web Semantics, 2017, 44: 104-117.

② Karim M R, Cochez M, Jares J B, et al. Drug-drug interaction prediction based on knowledge graph embeddings and convolutional-LSTM network[C]. Proceedings of the 10th ACM International Conference on Bioinformatics, Computational Biology and Health Informatics. 2019: 113-123.

③ Wu Z, Ramsundar B, Feinberg E N, et al. MoleculeNet: a benchmark for molecular machine learning[J]. Chemical Science, 2018, 9(2): 513-530.

④ Chen Y, Ma T, Yang X, et al. MUFFIN: multi-scale feature fusion for drug－drug interaction prediction[J]. Bioinformatics, 2021, 37(17): 2651-2658.

TransE 来学习药物结构和实体的表示。药物最终被表示为结构嵌入和知识嵌入的联合表示。Wang 等人[1]提出了 MIRACLE 模型。在 MIRACLE 中，基于多视图对包含在药物结构和关系中的信息进行建模，其中节点表示为药物的分子结构。这两项工作给基于知识图谱的药物发现方法的未来发展带来了启发，研究人员可以更有效地利用现有数据，在未来的工作中将拓扑结构和语义关系与分子结构相结合，从数据中获取知识。

9.4.2　药物重定位

药物重定位是一种从已批准的药物中寻找治疗新疾病的药物（即识别已知药物的新用途）的策略，它通过识别药物与疾病之间的关联或推断药物与靶点之间的相互作用来实现。因此，预测药物-疾病关联和药物-靶标相互作用是药物重定位的关键。通常，重定位的完成使用的是机器学习方法，这些方法以已知的药物-靶标为标签并使用测量数据（如分子结构、蛋白质序列、表达谱和分子指纹）作为输入特征。例如，Chu 等人[2]提出了一种多标签分类方法 DTI-MLCD。在这种方法中，药物用分子描述符和指纹来描述，靶点由 3 种不同类型的序列衍生特征表示。Madhukar 等人[3]提出了一种基于贝叶斯的方法 BANDIT，该模型通过综合多种类型的数据实现预测，包括生长抑制数据、基因表达数据和生物测定或化学结构。Zhao 等人[4]提出了一种新的工作流程来预测特定疾病的适应证，他们将药物的表达谱作为特征，将具有较高重用概率的药物作为候选药物。

药物重定位是为现有的、已批准的药物寻找新的治疗用途的过程。考虑到新药开发的高昂成本，这一过程很有价值。目前存在几种计算策略作为预测这些替代应用的方式。Yu 等人[5]利用多通道神经编码器实现多类型药物相互作用预测。他们提取了包含给定药物-药物对的邻域实体的子图，并基于图神经网络生成通路来提供药物相互作用的机制，从而整合多种信息来生成药物-药物对的表示。通过相互作用，验证了靶向它们的药物的当前适应证，并预测了重新定位的新机会。在可能重新定位的一组药物中，有用于治疗自闭症谱系障碍的苯二氮卓类药物，用于治疗黑色素瘤、神经胶质瘤和其他癌症的去甲替林，以及可预防自然流产和腭裂出生缺陷的维生素 B6，还特别强调了与孤儿疾病有关的潜在适应证——这些疾病的罕见性意味着开发新疗法在经济上不可行。这种计算药物重新定位的方法使用有关药物和药物靶标的现有信息，其对疾病遗传基础的洞察，成为为所提供药物产生最可能新用途的一种手段，并以此方式发挥它们的真正治疗能力。另一个导致不良反

① Wang Z, Zöller M. Exosomes, metastases, and the miracle of cancer stem cell markers[J]. Cancer and Metastasis Reviews, 2019, 38(1): 259-295.

② Chu Y, Shan X, Chen T, et al. DTI-MLCD: predicting drug-target interactions using multi-label learning with community detection method[J]. Briefings in Bioinformatics, 2021, 22(3): bbaa205.

③ Madhukar N S, Khade P K, Huang L, et al. A Bayesian machine learning approach for drug target identification using diverse data types[J]. Nature Communications, 2019, 10(1): 1-14.

④ Zhao K, So H C. Drug repositioning for schizophrenia and depression/anxiety disorders: a machine learning approach leveraging expression data[J]. IEEE Journal of Biomedical and Health Informatics, 2018, 23(3): 1304-1315.

⑤ Yu Y, Huang K, Zhang C, et al. SumGNN: multi-typed drug interaction prediction via efficient knowledge graph summarization[J]. Bioinformatics, 2021, 37(18): 2988-2995.

应的关键因素是药物的副作用。例如，患者可能对药物中的某些成分过敏。Munoz 等人[①]利用多标签排序机制来预测副作用，每个标签表示一种副作用。

药物-靶标相互作用有助于确定药物的作用机制和其他作用，从而有效助力药物重定位。通过可靠的药物-靶标相互作用预测，可以参考药物的结构设计候选化合物。通过将已知药物应用于与药物靶点相关的疾病，可以发现药物的新用途。Alshahrani 等人[②]通过知识图谱，结合符号方法和神经网络来生成实体的嵌入。符号逻辑和自动推理用于将显式和隐式信息包含到嵌入中，并使用 word2vec 将随机游走生成的语料库作为输入。学习到的表示用于预测基因-疾病、蛋白质-蛋白质或药物-靶标之间的潜在关系。文献中的工作也使用随机游走从知识图谱中生成语料库，并使用 word2Vec 学习表示。此外，Mohamed 等人[③]提出了基于张量分解的 TriModel 模型。在这项工作中，研究人员构建了一个由药物和靶标组成的知识图谱。TriModel 用于确定实体的表示和进一步的相互作用预测。

两种具有共同治疗方法的疾病可称为是相似的，用于治疗其中一种疾病的药物可能对另一种疾病也有效。因此，人们可以从具有相似适应证的其他药物中发现新药物的适应证。预测药物-疾病关联有助于研究人员预测药物的新适应证，这是寻找罕见疾病新疗法的有效方法。Sang 等人[④]提出 GrEDel 模型来学习生物医药知识图谱的表示，并训练了一个长短期记忆模型来预测药物-疾病关联的概率。Zhu 等人通过整合多个与药物相关的文库构建了一个知识图谱，他们提出了一种实现药物重用的新方法。Sosa 等人利用现有数据为罕见疾病生成药物重用假设。

生物医学界对化学物质、基因和表型如何相互作用的集体理解分布在超过 2400 万篇研究文章的文本中。这些相互作用为深入了解高阶生化现象背后的机制提供了见解，如药物-药物相互作用和个体间药物反应的变化。为了方便管理数量庞大的药物，必须了解可能的关系类型，并将非结构化自然语言描述映射到这些结构化类上。使用 NCBI 的 PubTator 注释来识别 Medline 摘要中的化学、基因和疾病名称的实例，并应用解析器来查找单个句子中实体对之间的连接依赖路径。将已发布的集成双聚类算法（EBC）与层次聚类相结合，将依赖路径分组为语义相关的类别用标签或"主题"（如"抑制"和"激活"）进行注释。针对 6 个人工管理的数据库评估了以下任务：DrugBank、Reactome、SIDER、治疗靶标数据库、OMIM 和 PharmGKB。Percha 等研究者[⑤]使用 GNBR 来支持药物重用的假设，任务过程中不仅执行了链接预测，还对关系的不确定性进行了建模，这有利于产生可信度高的结果。

① Muñoz E, Nováček V, Vandenbussche P Y. Facilitating prediction of adverse drug reactions by using knowledge graphs and multi-label learning models[J]. Briefings in Bioinformatics, 2019, 20(1): 190-202.

② Alshahrani M, Hoehndorf R. Drug repurposing through joint learning on knowledge graphs and literature[J]. Biorxiv, 2018: 385617.

③ Mohamed S K, Nováček V, Nounu A. Discovering protein drug targets using knowledge graph embeddings[J]. Bioinformatics, 2020, 36(2): 603-610.

④ Sang S, Yang Z, Liu X, et al. GrEDeL: a knowledge graph embedding based method for drug discovery from biomedical literatures[J]. IEEE Access, 2018, 7: 8404-8415.

⑤ Percha B, Altman R B. A global network of biomedical relationships derived from text[J]. Bioinformatics, 2018, 34(15): 2614-2624.

在当今世界上的所有数据中，90%是在过去两年中创建的。然而，利用这些数据来提升我们的知识受到我们在适当环境中访问和分析知识的速度的限制。在生物医学研究中，数据在很大程度上是分散的，并存储在通常不会相互"对话"的数据库中，从而阻碍了发展。当今医学界的一个特殊问题是，从头开始制造一种新的治疗药物非常昂贵且效率低下，这使其成为一项风险很高的业务。鉴于药物发现的成功率低，试图重新利用已被证明对新疾病或病症安全有效的现有药物存在经济动机。计算预测化合物是否具有治疗疾病的能力将提高药物批准的经济性和成功率。Himmelstein 等人[1]构建了一个综合知识图谱——Hetionet，并利用社交网络分析算法来识别图谱中的网络模式。编码来自数百万生物医学研究的知识。Hetionet v1.0 由 11 种类型的 47 031 个节点和 24 种类型的 2 250 197 个关系组成，整合了来自 29 个公共资源的数据，以连接化合物、疾病、基因、解剖学、通路、生物过程、分子功能、细胞成分、药理学类别、副作用和症状。接下来，确定了区分治疗与非治疗的网络模式。最后预测了 209 168 对化合物疾病的治疗概率。这些发现为研究药物再利用提供了一种新的有效方法。虽然这项工作仅使用公共数据进行，但如果将制药公司拥有的数据纳入其中，则可以获得更广泛且可能更强大的预测。此外，需要额外的研究来测试模型所做的预测。

Mc-cusker 等人[2]试图利用概率图谱来寻找候选药物，并且开发了一个系统 ReDrugS 来检查药物-靶标-疾病网络，为黑色素瘤寻找药物。他们通过计算候选药物的置信度分数来提高候选药物的准确性。

随着新型冠状病毒疫情的爆发，COVID-19 的治疗现已成为全世界关注的焦点，药物重定位技术也被用来为 COVID-19 的治疗提供可能的用药策略。

Ioannidis 等人[3]构建了一个综合知识图谱——DRKG，包含表达、基因、通路、疾病和药物。DRKG 从 6 个公开的大型医药数据库和 2200 万篇医学文献中挖掘数据，并进行整理和规范化。DRKG 知识图谱包含实体数 97 238 个，分为 13 种实体类型；三元组数目 5 874 261 个，分为 107 种关系类型。机器学习工具使用了先进的深度图学习方法（DGL-KE）来学习 DRKG 中实体和关系的低维向量表示（embeddings），并使用这些 embeddings 来预测药物治疗疾病的可能性或药物与疾病靶点结合的可能性。研究人员确定了 41 种可能治疗 COVID-19 的药物。Kanatsoulis 等人[4]在最新的工作中进一步利用了 DRKG，提出了耦合张量矩阵嵌入框架来提取图谱的简要表示，并在对抗 COVID-19 的斗争中实现药物重定位。此外，Wang 等人[5]开发了一个基于知识的框架——COVID-KG，他们构建了多媒体知识图谱来生成科学

[1] Scott H D, Antoine L, Christine H, et al. Systematic integration of biomedical knowledge prioritizes drugs for repurposing[J]. Elife, 2017, 6: e26726.
[2] McCusker J P, Dumontier M, Yan R, et al. Finding melanoma drugs through a probabilistic knowledge graph[J]. PeerJ Computer Science, 2017, 3: e106.
[3] Ioannidis V N, Song X, Manchanda S, et al. Drkg-drug repurposing knowledge graph for covid-19[J]. arXiv, 2020, 2010.09600.
[4] Kanatsoulis C I, Sidiropoulos N D. TeX-Graph: coupled tensor-matrix knowledge-graph embedding for COVID-19 drug repurposing[C] Proceedings of the 2021 SIAM International Conference on Data Mining (SDM). Society for Industrial and Applied Mathematics, 2021: 603-611.
[5] Wang Q, Li M, Wang X, et al. COVID-19 literature knowledge graph construction and drug repurposing report generation[J]. arXiv, 2020, 2007.00576.

报告和回答与药物重定位相关的问题。

9.5 总　　结

用基于知识图谱的方法辅助药物发现是一个相对较新且有价值的方向，该领域的工作使有效利用现有数据源成为可能。在促进药物发现的同时，知识图谱也带来了新的挑战。本节从以下 3 个方面讨论药物发现领域中基于知识图谱的工作的当前挑战和未来展望。

1. 生物医药知识图谱

基于生物医药知识图谱的药物发现工作在很大程度上依赖于图谱的质量，这使得构建高质量的综合性图谱变得至关重要。在构建图谱时，除了使用来自数据库的数据，研究人员还利用自然语言处理技术从生物医学文献中提取实体和关系。然而，由于自然语言处理模型在特定领域的低准确性，生物医药知识图谱常含有噪声，比如现实不存在的关系和不准确的命名实体；此外，生物医药知识图谱涵盖的学科领域较为广泛，构成图谱的数据本身也会有不可避免的噪声和歧义。对于上述问题，开发针对生物医药领域的自动错误检测方法有助于从数据方面提高图谱的质量。

除了构建新的知识图谱，研究人员还应关注现有图谱的更新和维护。从最新发表的文献中学到的知识、反驳先前研究结论的新证据以及制药公司和研究机构产生的新数据都应该新增到图谱中，从而获得更全面的知识。此外，多方合作共同构建统一格式的知识图谱有助于维护知识图谱。

衡量一个知识图谱的质量仍然很困难，而质量评估有助于进一步提高图谱的质量。文献中的工作用逻辑规则估计了图谱中三元组的概率。设计有效的评估方法来评估图谱的质量可能是未来工作的一个有价值的方向。

2. 模型设计

大多数用于药物发现的现有模型都是基于嵌入模型构建的，并且它们在应用中被证明是有效的。然而，这些模型产生的预测仍然缺乏对药物重用和药物不良反应预测至关重要的可靠解释。通常，现有模型只能预测药物与靶标是否存在相互作用，无法解释药物如何起作用，也无法提供治疗的药理作用机制，不具备可解释性。从这方面来看，人们需要能够生成解释的模型。最新的工作已经做了初步努力。例如，Kang 等人使用最重要的事实来解释预测结果，Zhang 等人利用基于嵌入的路径搜索来生成解释。此外，嵌入模型在有效学习表示方面仍然面临挑战。例如，负样本通常是通过用随机实体替换正样本中的实体来生成的。由于图谱的不完整性，部分负样本实际上可能是正样本。为了解决这个问题，以合适的方式生成负样本是一种有意义的优化。另一种优化可以通过引入评估机制来计算预测三元组的合理性，从而提供更可靠的结果。此外，由于在大规模的稀疏图谱上训练嵌入模型耗时且内存要求高，因此人们可以尝试在生物医学领域使用通用的预训练嵌入模型。

3. 预测策略

现有的工作主要预测目标实体之间是否存在相互作用，将预测任务视为二分类问题。两个实体之间的关系类型多种多样，但很少研究预测关系类型。预测关系类型有助于确定药物相互作用的影响，从而寻找疾病的新疗法。例如，华法林（一种抗凝剂）和头孢克肟（一种抗生素）的组合可引起与出血相关的相互作用，包括胃肠道出血和凝血抑制。依据这一点，可以推断氟康唑（一种抗生素）和华法林之间的相互作用很可能与出血有关。推断具有指示性标签的相互作用是一种有前景的方式。

未来，我们也期待从单模态学习向多模态学习的转变。分子图和序列中包含的视图间信息与图谱中包含的视图内关系和语义信息一样重要。从这方面来看，多模态学习有利于学习更全面的表示，从而实现更准确的预测。因此，设计基于多模态学习的新方法以充分利用知识图谱、分子图像、序列和分子图是药物发现领域的一个有前景的方向。

更多参考文献请扫描下方二维码获取。

第 10 章　基于深度学习的分子逆合成设计

近年来，人工智能驱动的药物合成技术给研究工作带来了极大的便利。逆合成设计在合成化学中占有重要的地位，因而受到研究人员广泛关注。本章将详细介绍深度学习背景下逆合成设计发展的历程，包括数据集、模型和常用工具。

10.1　概　　述

针对某种疾病的药物研发，从最初的实验室研究、临床试验到最终上市销售是一项投资高、风险高、周期长的工程。现代的药物研发是在药物发现及临床前阶段（如靶标识别及验证、虚拟筛选、先导化合物优化等）中，利用机器学习技术加速中间过程并减少成本。尽管有机合成技术在过去几十年里有了重大进展，但仍是药物研发中一个棘手的问题。

近年来，计算机辅助合成设计（computer-assisted synthetic planning，CASP）技术发展迅速，尤其是逆合成设计为化学家在药物合成方面带来了极大的便利。逆合成设计旨在为某个产物分子找到一系列可容易获得的反应物。正向反应预测也是有机合成的一项基本任务，旨在发现给定的反应物和试剂可能产生的产物分子。与正向有机合成的思维恰好相反，逆合成是从目标产物分子出发，逆推廉价易得的起始原料。例如，branebrutinib（BMS-986195）[①]的逆合成路线如图 10.1 所示，从目标分子开始，以市售的反应物结束，浅色和深色的圆圈分别突出了当前和先前的反应位点，$ 表示分子的市场价格。

逆合成分析方法可以有效解决复杂分子的合成问题，促进有机合成科学的发展。此外，随着系统生物学实验技术的进步和实验数据的不断积累，大量生物医学数据的涌现为数据驱动的生物合成设计提供了强大的支持。深度学习是机器学习的一个分支，它可以直接从数据中理解和学习内在规律和复杂表示。因此，应用深度学习的新尝试逐渐进入人们的视野，为化学合成研究创造了新的范式。

逆合成分析方法最早由 Corey 小组于 19 世纪 60 年代提出，他们利用该理论合成了大量复杂的天然化合物（如 maytansinc、aplasmomycin、gibberellic acid），并开发了第一个辅助有机合成路线设计的程序 OCSS（organic chemical simulation of synthesis）[②]，计算机辅助合成阶段由此开始。

---

① Watterson S H, Liu Q, Beaudoin Bertrand M, et al. Discovery of branebrutinib (BMS-986195): a strategy for identifying a highly potent and selective covalent inhibitor providing rapid in vivo inactivation of Bruton's tyrosine kinase (BTK)[J]. 2019.

② Oka Y. Computer-Assisted Design of Organic Syntheses[J]. Journal of Synthetic Organic Chemistry Japan, 2009, 31(1): 68-78.

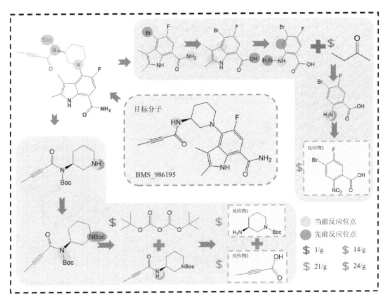

图 10.1　branebrutinib（BMS-986195）的逆合成路线

逆向设计的最早尝试之一是高通量虚拟筛选[①]（high-throughput virtual screening，HTVS）方法。HTVS 起源于制药行业的药物发现，其中模拟是筛选大量分子的探索性工具。HTVS 从基于研究人员直觉构建的初始分子库开始，将可能的候选分子库缩小到 $10^3 \sim 10^6$ 的易处理范围。根据重点目标筛选初始候选物，如合成的难易程度、溶解性、毒性、稳定性、活性和选择性。分子也经过专家意见过滤，最终认为是有机合成的潜在先导化合物。成功的先导化合物和子结构将进一步纳入未来的周期，以进一步优化功能。

随后，逆合成分析的研究方向先后经历了基于人工编码规则和基于机器学习的阶段。基于人工编码的反应规则方法虽为计算机寻找路线提供了一定的思路，但其灵活性及可扩展性差。而基于机器学习的方法使计算机可以将从公布的数据集中学习到的自动合成方法应用到新的数据上，但它们在早期受到计算资源的限制。后来，在数据资源丰富及运算能力大幅提高的有力支撑下，深度学习在各个领域取得了显著的成功，如语音识别、计算机视觉、自然语言处理、自动驾驶等。在这种背景下，深度学习和逆合成设计的融合显而易见，因为机器已经被证明可以在理解和设计复杂的反应模式（如重排和催化循环方面）中产生新的想法。Segler 等人[②]于 2017 年首次利用深度学习方法找到合理的逆合成路线，使该领域取得了突破性进展。

深度学习方法的核心是分子的表示，对相关分子进行编码已经取得了相当大的进展。同一种分子的不同类型的表示方法如图 10.2 所示。

① Sanchez-Lengeling B, Aspuru-Guzik A. Inverse molecular design using machine learning: Generative models for matter engineering[J]. Science, 2018, 361(6400): 360-365.

② Segler M, Waller M P. Neural-Symbolic machine learning for retrosynthesis and reaction prediction[J]. Chemistry-A European Journal, 2017, 23(25).

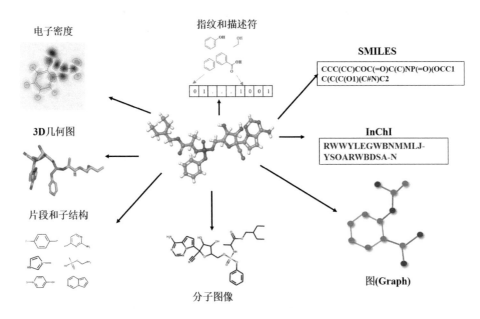

图 10.2　同一种分子的不同表示方法

逆合成设计的过程如图 10.3 所示。

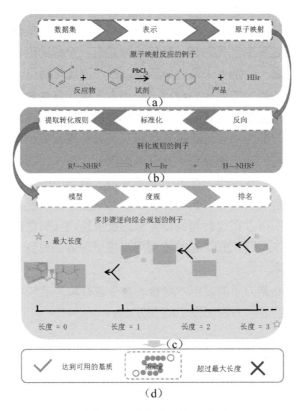

图 10.3　逆合成设计的过程

首先，通过添加反应物和产物的原子映射来处理数据集中的反应，如图 10.3（a）所示。其次，从带有原子映射的反应中提取转化规则，以指导计算机进行逆合成设计，如图 10.3（b）所示。再次，根据评价路线的指标反复预测前体并进行排序，直到达到结束条件，如图 10.3（c）所示。最后，模型产生的路线有两种情况：成功和失败，如图 10.3（d）所示。

10.2　逆合成设计的准备

本节将介绍在应用深度学习网络前的必备环节。首先，研究各种数据集，因为数据集的质量对模型的性能起着关键作用。其次，所有基于深度学习的方法都需要机器可读的化学表征来描述反应特征，因此对不同表征的特点进行了归纳总结。再次，阐述原子-原子映射（atom-atom mapping，AAM）的方法，反应数据需要经过这些方法的处理输入网络中。最后，给出各种评价指标来估计算法的结果。

10.2.1　化学反应数据集

无论是传统的统计方法还是深度学习算法，数据集都是模型训练的关键。逆合成设计用到的数据集来源于知名机构和组织，如 Elsevier、Chemical Abstracts Service，不同数据集在数据范围、数据格式、数据质量等方面存在差异。此外，研究人员可以设计自己的数据集使用。本节重点介绍常用的 4 个数据集。

1. Reaxys

Reaxys[①]数据库由 Elsevier 公司运营，是 Elsevier 旗下全球最大物质理化性质、事实反应数据库和药物化学数据库，收录超过 1.19 亿种化合物、4600 万个反应、5 亿条经过试验验证的实验数据、5300 万条文摘记录，涵盖全球七大专利局、16 000 种期刊和 1000 多种图书的数据。其药物化学模块涵盖所有药物化学关键领域，包括体内、外生物学实验，药物动力学实验以及毒性实验数据，不仅可以提供化学信息，而且还可以提供更加广泛的生物活性信息、靶点信息等，涵盖了 3520 万条生物活性数据、680 万种具有生物活性的化合物、27 000 个成药靶点等。与其他常见的数据库相比，Reaxys 这类数据库以非标准化的文本形式提供试剂信息，而将这些信息转换成分子结构并不简单。与此同时，数据库中记录的反应条件（如温度）和产率通常是从出版物中复制的。因此，这些信息需要额外的处理步骤来标准化，以适用于机器学习方法。

① Goodman J. Computer software review: Reaxys[J]. 2009.

2. SciFinder

与 Reaxys 类似，SciFinder①是由美国化学文摘服务社从大量文献，包括专利、期刊、会议论文和网络中整理得到的数据库。它是世界上重要的化学信息检索平台之一，是查找化学信息，如期刊论文、化学物质、化学反应的核心工具。SciFinder 一直是全世界的科研人员进行化学课题研究、成果查阅、学术期刊浏览以及把握科技发展前沿的最得力工具。SciFinder 和 Reaxys 都是有机反应常用的大型数据库，提供搜索功能，帮助用户找到特定的化学反应。二者的区别主要在于 SciFinder 收录的文献范围远远大于 Reaxys，因此 SciFinder 的搜索结果一般更多。

3. USPTO

由于 Reaxys 和 SciFinder 数据库服务需要购买，开源的美国专利和商标局（United States Patent and Trademark Office，USPTO）数据集成为许多研究人员的选择。由于有些方法不能在大数据集上扩展，研究人员通常通过提取 USPTO 中的部分数据作为单独的小数据集进行训练和验证。久而久之，最初的 USPTO 根据数据量大小演变成了现在常用的数据集 USPTO-50k②和 USPTO-full。研究人员普遍使用上述 3 个数据集，后来的研究人员为方便与先前的研究进行比较，也从上述数据集中选择。

4. Pistachio

由 NextMove 公司运营的 Pistachio 数据集在最近的研究中也广泛出现。NextMove 软件公司不断改进专利提取的工作流，将新的专利反应添加到 Pistachio 数据集中。Pistachio 作为 USPTO 的一个超集，不仅包含 USPTO 的内容，还包括欧洲专利和 WIPO 中的反应，更多细节如表 10.1 所示。这些数据集的覆盖范围发布在其官方网站上，列出的反应数量包括重复反应。

表 10.1　化学反应数据集

数据集	时间	数量	开放性	方法
Reaxys	2009 年至今	包含 4600 多万个反应，每年都在增长	商用	NeuralSymbolic，3N-MCTS，Simulated experience，ASKCOS
SciFinder	2008 年至今	包括 CAplus、Registry、CASReact、ChemList、Chemcats、MedLine 6 个数据库	商用	—
Pistachio	1976 年至今	包括大约 1330 万个反应	商用	RoboRXN

---

① Ridley D D. Information retrieval: SciFinder and SciFinder Scholar[M]. John Wiley & Sons, 2002.
② Schneider N, Stiefl N, Landrum G A. What's what: the (nearly) definitive guide to reaction role assignment[J]. Journal of Chemical Information & Modeling, 2016, 56(12): 2336-2346.

数据集	时间	数量	开放性	方法
USPTO/Lowe	1976—2016 年	包括大约 370 万个反应	开源	Retrosim，Multiscale，GLN，seq2seq，Transformer，SCROP，GTA，G2Gs，GraphRetro，RetroXpert，ASKCOS，RoboRXN
Spresi	1974—2014 年	包括大约 460 万个反应	商用	—

10.2.2 化学反应的数据表示

化学信息学应用的效率与化学结构和化学反应的表示密切相关。化学反应是化学合成核心的研究对象，化学反应建模的好坏将直接影响后续任务的完成。

提到化学反应，人们通常会想到用箭头从反应物指向产物这种图的表示方式。 CGR（Condensed graphs of reaction）[1]是一种能够在一张图中清晰地反映原子和键的性质变化的表示方法。在 CGR 中，所有参与反应的分子都通过分子图进行编码，其中包含普通的键和发生变化的键。CGR 可以通过对齐反应物和产物中的相应原子来绘制，这依赖于原子映射技术[2]。CGRTools 提供用于处理原子映射的比较和校正、反应中心提取等 CGR 表示的 Python 接口。此外，在最新版本的 CGRTools 中，可以执行 CIS-TRANS 立体性检查。CGR 通常用于原子间映射误差识别、反应条件预测、结构-反应活性建模、代谢反应产物排序、子结构和反应相似度搜索。

除了图表示法，研究人员还开发了许多机器可读的线性表示法来表示化学反应。例如，一个简单的酯化反应的不同表征如图 10.4 所示。这些表示方法根据不同表示所提供的功能范围可分为以下 3 类。

1. 只描述反应过程的表示

Reaction SMILES 是由 SMILES[3]扩展而来的，用于区分反应的组成部分和原子图。Reaction SMILES 由反应物、试剂和产物 3 部分组成，每部分用 ">" 字符隔开。相比之下，分子 SMILES 表示中没有 ">" 字符。此外，带有原子映射的 Reaction SMILES 可以很容易得到反应中心。图 10.4 中展示了一个带有原子映射的 Reaction SMILES 的示例。值得注意的是，在 Reaction SMILES[4]的表示中，原子映射和试剂是可选元素，但是一旦添加了原子

① Varnek A, Fourches D, Hoonakker F, et al. Substructural fragments: an universal language to encode reactions, molecular and supramolecular structures[J]. Journal of Computer-aided Molecular Design, 2005, 19(9): 693-703.

② Polishchuk P, Madzhidov T, Gimadiev T, et al. Structure-reactivity modeling using mixture-based representation of chemical reactions[J]. Journal of Computer-aided Molecular Design, 2017, 31(9): 829-839.

③ Weininger D. SMILES, a chemical language and information system. 1. Introduction to methodology and encoding rules[J]. Journal of Chemical Information and Computer Sciences, 1988, 28(1): 31-36.

④ Snape T J. A truce on the Smiles rearrangement: revisiting an old reaction-the Truce-Smiles rearrangement[J]. Chemical Society Reviews, 2008, 37(11): 2452-2458.

映射，其他的表示可以轻松计算。

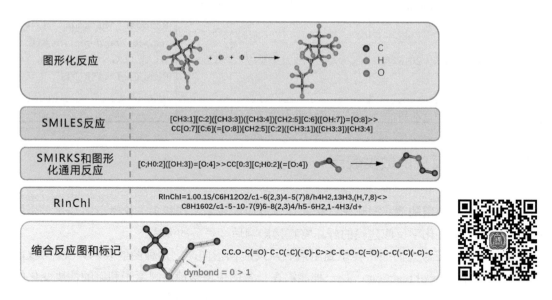

图 10.4　一个简单的酯化反应的不同表示形式

注：在图形化的反应表示中，球上的数字表示映射的原子数。

2. 描述化学反应的转换规则或反应中心的表示

SMIRKS[①]构建反应中原子和键的变化列表来描述一般的化学反应。SMIRKS 的应用要求具备一些条件，这些条件有助于 SMIRKS 转化为反应图。反应指纹也可以表示反应，如反应差异指纹通过比较反应分子和产物分子的指纹变化来反映键的变化。

3. 具有其他功能的表示

RInChI（reaction international chemical identifier）[②]和 HORACE[③]使用了分层的方法，每一层都可以说明反应的不同方面。RInChI 可以表示化学式、原子间连接和氢原子。此外，RInChI 可以识别反应方向，避免不同条件的干扰，从而重现相同的反应，但其语法相对会更难。HORACE 描述了位于反应中心的原子、原子间的相似性和结构功能。

值得注意的是，CGR、反应模板、反应中心和图的编辑都依赖于原子映射。上述数据集中的反应已经用原子映射工具进行了处理，以生成原子映射。

---

① Daylight. SMIRKS: A Reaction Transform Language [Internet] http://www.daylight.com/dayhtml/doc/theory/theory. smirks.html.

② Grethe G, Goodman J, Allen C. International chemical identifier for chemical reactions[J]. Journal of Cheminformatics, 2013, 5(1): 1-1.

③ Rose J R, Gasteiger J. HORACE: An automatic system for the hierarchical classification of chemical reactions[J].Journal of Chemical Information & Modeling, 1994, 34(1): 74-90.

10.2.3　原子映射

在了解了常见化学反应数据集和化学表示后，仍不能开始配置深度学习算法模型来挖掘这些数据集中的丰富知识。因为上述数据集中搜集的数据质量不一致，导致不同反应类型的数量不均匀，且这些反应并未进行原子映射或数据集本身原子映射的质量不好。因此，机器想要自动理解化学反应，显然离不开原子映射工具的支持。

每个化学反应通常由一组原子映射表示，原子映射通常用于分离反应中的反应物和试剂。唯一独立于原子映射的反应表示是没有区分反应物和试剂的反应。准确的原子映射可以促进下游任务，如通过计算反应中的保守碳原子数来确定转化途径中的效率，也可以用于追踪原子来理解反应机理。先前的研究主要分为两类：传统方法和基于数据驱动的方法。传统方法可以分为基于结构的方法和基于优化的方法。数据驱动方法可以分为基于规则的方法和不依赖规则的方法。不同类型的原子映射工具总结如表 10.2 所示。

1. 传统方法

（1）基于结构的方法。基于结构的方法采用加性思维，不断匹配反应物和产物分子的子图，从而确定最大的子结构将其关联，再处理其余原子。该类方法的代表有 RDT（reaction decoder tool）[①]、CLCA（canonical labeling for clique approximation）[②]、ICMAP[③]、AutoMapper[④]。其中，AutoMapper 可以映射氢原子并且可接受的化学格式最广泛，如 RXN、InChI、SMILES，但其不能识别反应中心。CLCA 可以识别化学等效原子和反应中心。RDT 是一个拥有网页和桌面应用的程序。ICMAP 是一个商业化的工具，可以使用 15 位数字代码标记反应中心。

（2）基于优化的方法。

基于优化的方法通过最小化断裂和形成的键数，或者利用成本函数以达到从反应物到产物路径最短的目标。该类方法包含 DREAM（determination of REAction mechanisms）[⑤]、MWED（Minimum Weighted Edit-Distance）[⑥]。其中，DREAM 和 MWED 都使用混合整数线性规划算法以尽可能减少键的变化。DREAM 可以映射氢键，而 MWED 可以识别等效原

① Rahman S A, Cuesta S M, Furnham N, et al. EC-BLAST: a tool to automatically search and compare enzyme reactions[J]. Nature Methods, 2014, 11(2): 171-174.

② Kumar A, Maranas C D. CLCA: maximum common molecular substructure queries within the MetRxn database[J]. Journal of Chemical Information and Modeling, 2014, 54(12): 3417-3438.

③ Kraut H, Eiblmaier J, Grethe G, et al. Algorithm for reaction classification[J]. Journal of Chemical Information and Modeling, 2013, 53(11): 2884-2895.

④ Bone M A, Howlin B J, Hamerton I, et al. AutoMapper: a python tool for accelerating the polymer bonding workflow in LAMMPS[J]. Computational Materials Science, 2022, 205: 111204.

⑤ First E L, Gounaris C E, Floudas C A. Stereochemically consistent reaction mapping and identification of multiple reaction mechanisms through integer linear optimization[J]. Journal of Chemical Information and Modeling, 2012, 52(1): 84-92.

⑥ Latendresse M, Malerich J P, Travers M, et al. Accurate atom-mapping computation for biochemical reactions[J]. Journal of Chemical Information and Modeling, 2012, 52(11): 2970-2982.

子和反应中心，但它们都不能映射不平衡的反应。

表 10.2　原子映射工具

工具名	方法	数据集	数据格式	开放性
RXNMapper	不依赖规则	Lowe	SMILES	开源
ReactionMap	结构和优化结合	SPRESI	SMILES	开源
Indigo	基于规则	—	Mol，RXN，SDF，RDF，CML，SMILES，SMARTS	开源
RDT	基于结构	KEGG	RXN，SMILES	开源
DREAM	基于优化	KEGGLIGAND，GRI-Mech，BioPath	RXN，SMILES	开源
CLCA	基于结构	MetRxn	SMILES	开源
Mappet	启发式和规则结合	Organic Syntheses，Reaxys	SMILES	对研究人员开放
MWED	基于优化	MetaCyc	RXN，SMILES	对研究人员开放
NameRXN	基于规则	Pharmaceutical ELNs	SMILES，RXN，RD	商用
ICMAP	基于结构	SPRESI，ChemInform etc.	RXN	商用

此外，一些方法综合上述两种策略以探索最佳映射。例如，ReactionMap[1]分为两阶段，前一阶段根据子结构找最大映射图，后一阶段利用优化方法处理剩余原子。

2. 基于数据驱动的方法

随着计算能力的提升，深度学习为应用赋能，出现了一些数据驱动的方法及软件。随后，让机器不断学习专家编码的规则以进行原子映射成为大势。涌现的软件及算法包含 Mappet 和 RXNMapper 等。其中，Mappet[2]的映射过程考虑用启发法辅助专家编码的方法，一方面最大化子结构，另一方面朝着最小化发生变化的键数努力，综合二者效果选最优。这类方法的出现成功解决了在复杂化学反应中的应用，但这类方法因为由规则而生，所以严重依赖人类的干预并且速度通常不尽人意，使得其扩展难度大大增加。于是有一些化学家关注到是否可以通过无标签的数据训练机器的映射能力，经过实验验证提出了 RXNMapper[3]，并对比了之前的方法。实验表明，该方法在速度和准确性上具有显著优势，尤其对于严重不平衡的反应。

[1] Fooshee D, Andronico A, Baldi P. ReactionMap: an efficient atom-mapping algorithm for chemical reactions[J]. Journal of Chemical Information & Modeling, 2013, 53(11): 2812-2819.

[2] Jaworski W, Szymkuć S, Mikulak-Klucznik B, et al. Automatic mapping of atoms across both simple and complex chemical reactions[J]. Nature Communications, 2019, 10(1): 1-11.

[3] Schwaller P, Hoover B, Reymond J L, et al. Extraction of organic chemistry grammar from unsupervised learning of chemical reactions[J]. Science Advances, 2021, 7(15): eabe4166.

10.2.4　评估标准

评估模型的性能离不开评价指标的选择。近年来，绝大部分逆合成深度学习模型仅使用单一标准 Top-k，即指在前 k 条推荐建议中出现数据集中记录的标准前体的百分比。但近期研究人员表示，使用这种指标用来评估模型性能并不恰当。一方面，如果考虑反应中心周围更加详细的原子环境，可应用的模板范围理应更小，而 Top-k 恰恰相反。另一方面，Top-k 得分反映了模型预测结果匹配当前数据集中记录的模板的程度，而忽略了模型中未记录但潜在正确的预测结果。因此，Top-k 得分的提高，让人很难确定是模型拥有推荐更有用的模板的能力，还是匹配数据集的过拟合情况。实际上，模型给出反应前体可以看成一个推荐模板的过程，为产物推荐反应路线。因此，在评价推荐系统的基础上考虑，除 Top-k 外，有以下单步逆合成模型的新指标。

（1）准确率。与 Top-k 类似，往返准确性（round-trip accuracy）[1]用于评估产生了多少有效建议，但有效建议并不一定是数据集中记录的前体，而是在前向反应预测中可以由预测前体得到给定产物即可。Top-k 模板适用性召回率（Top-k template applicability recall）[2]描述了 Top-k 建议中每个模板的分数，以激励模型推荐排名更高的模板。与此相关的一个指标为倒数排名（reciprocal rank），它展示了真实模板在数据集中的倒数排名。

（2）覆盖率。记录预测的前 k 个模板中有效的前体数量的指标。

（3）新颖性。这里的新颖侧重于预测稀有的反应类型。JS 散度（JS divergency）与模板流行度（Template popularity）都是为了平衡不同反应类型间的机会，使预测时可以预测到数据集中较稀有的反应类型。

（4）多样性。反应类的多样性（class diversity）与前体的最大多样性（maximum diversity of the precursor）分别从反应类型和反应结果衡量模型表现。

（5）整体性。完整的路线可能在前几步达到很好的效果，但最终仍找不到反应物。可用模板的数量（number of applicable templates）[3]可以评价完整路线的综合能力。

（6）效率。预测路线的平均时间可以反映模型效率，并且完整路线的平均合成步数可以衡量合成难度。

（7）可信度。成功应用模板的数量可用于解释当前模型提出的建议具有一定的真实性。

对于多步路线的评估，合成成本很难用一个明确的目标来描述和评估，因为它会被各种未知的因素影响。理论上，可以从多个角度考虑路线的质量，包括反应物和试剂的价格、

---

① Schwaller P, Petraglia R, Zullo V, et al. Predicting retrosynthetic pathways using transformer-based models and a hyper-graph exploration strategy[J]. Chemical Science, 2020, 11(12): 3316-3325.

② Fortunato M E, Coley C W, Barnes B C, et al. Data augmentation and pretraining for template-based retrosynthetic prediction in computer-aided synthesis planning[J]. Journal of Chemical Information and Modeling, 2020, 60(7): 3398-3407.

③ Thakkar A, Kogej T, Reymond J L, et al. Datasets and their influence on the development of computer assisted synthesis planning tools in the pharmaceutical domain[J]. Chemical Science, 2020, 11(1): 154-168.

反应次数、每步的产量、对环境的影响等。一些研究人员通过双盲 AB 测试或实验验证的方式来验证逆合成推荐的反应路线。毋庸置疑，这些方法提供了非常可靠的证明。但对每条路线都进行实验验证显然不现实。事实上，研究人员经常简化合成的要求，选择简单的目标函数来验证逆合成的建议。启发式的评分函数和动态更新的价值函数对于估计性能是可行的。此外，现有的衡量标准根据其功能分为以下 3 类。

（1）成功率。成功率是指从分子构建块开始，成功找到目标化合物的反应路线的百分比。另一种解决方案是选择一些有文献记载的化合物作为测试例子，通过分析预测路线每一步的 Top-k 值，与已公布的反应路径进行比较。

（2）效率。一个直观的方法是直接计算预测相同数量路线的平均时间。而 Chen 等人[①]通过比较同一时间限制下不同模型的成功率来衡量模型效率。

（3）复杂度。反应路线中的平均步数、每个反应的反应物数、反应中的键或原子发生变化的数目都会影响反应路线的复杂度。此外，在算法提出的所有反应中，成本较低或路线较短的路线数量也能够反映路线的质量。

10.3　用于逆合成设计的模型

根据预测的反应步数可将合成方法分为单步逆合成方法和多步逆合成方法。这两种方法在某种程度上是相关的，但它们处理逆合成设计的方式有很大的不同。

10.3.1　单步逆合成设计

近年来，有大量的工作投入设计逆合成的单步策略，包括基于模板和不依赖模板的方法，其基本流程如图 10.5 所示。基于模板的方法是将目标分子与模板集进行比较，从而挑选出适合的反应过程，其中模板是指化学反应过程中发生改变的子结构模式。而不依赖模板的方法则是挖掘数据中有关反应机制的隐藏关系，而不直接进行匹配。

1. 基于模板的方法

模板是反应规则的集合，这些反应规则描述了化学反应的核心单元。基于模板的方法应用模板定义的规则，将产物分子拆成反应物分子，如图 10.5（a）所示。由于反应模板涉及多样的反应类型，一个目标分子由多种完全不同的反应物集合成。因此，如何挑选合适的反应模板是基于模板的方法要解决的核心问题。由于与化学家的思维相似，基于模板的方法是自然且可解释的。

① Chen B, Li C, Dai H, et al. Retro*: learning retrosynthetic planning with neural guided A* search[C]. International Conference on Machine Learning. PMLR, 2020: 1608-1616.

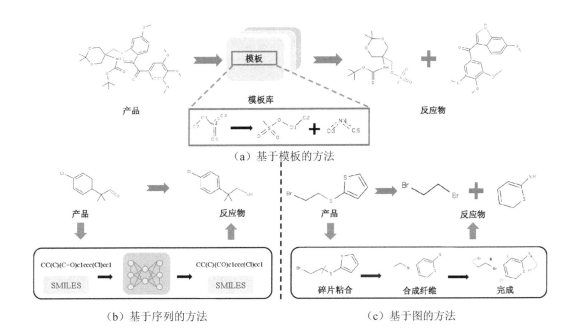

（a）基于模板的方法

（b）基于序列的方法　　　　　　　　　　（c）基于图的方法

图 10.5　基于模板和不依赖模板的逆合成方法的基本流程

注：（a）基于模板的方法——根据模板库中的模板将产物转换为反应物。（b）基于序列的方法——模型将产物分子的 SMILES 字符串翻译成反应物的 SMILES 字符串。（c）基于图的方法——产物分子断键形成合成子，补全合成子形成反应物。

　　早期基于规则的方法在特定的反应类型上获得了卓越的结果，但仍然存在一些挑战。其一，制定标准规则的方式很复杂；其二，不能预测规则库以外的反应；其三，在实际反应中，有时系统推荐的规则可能会由于官能团间发生冲突而无效。

　　第一个涉及使用深度神经网络解决上述问题的工作是由 Selger 等人[①]提出的。他们注意到，早期基于规则的研究之所以表现不佳，是因为忽略了分子官能团间的相关知识，导致预测过程中出现反应冲突。因此，他们提出了由全连接层、指数线性单元层、Dropout 层和 Softmax 层组成的模型——NeuralSymbolic，并选择最合适的转换规则来避免反应中的冲突。Coley 等人[②]认为新颖的化合物和已知反应先例之间的分子相似性有助于选择反应先例，然后对候选前体进行排序。他们提出的 Retrosim 用于根据先例反应的类比来预测逆合成的断开。Retrosim 通过多步的过程从反应语料库中学习合成策略，其中包括根据产物相似性检索反应先例，对目标分子进行局部转化，以及计算候选前体与先例反应物之间的相似性。该模型可以很容易地通过上述操作进行多步的路线设计，但它只适于已知的反应类型。后

① Segler M, Waller M P. Neural-symbolic machine learning for retrosynthesis and reaction prediction[J]. Chemistry-A European Journal, 2017, 23(25).
② Coley C W, Rogers L, Green W H, et al. Computer-assisted retrosynthesis based on molecular similarity[J]. ACS Central Science, 2017, 3(12):1237-1245.

来，一些研究者对数据集进行处理以提高预测性能。Baylon 等人[1]提出了一个多尺度的反应分类模型，该模型根据分子相似性对数据集进行分层或平衡。该模型由 1 个隐藏层、5 个 Highway 层和 1 个 Softmax 层组成，将产物分子编码为 2048 位的摩根指纹作为模型的输入。该多类分类器通过聚类对反应规则进行分组，然后为每个反应规则添加多尺度信息（如组、反应规则等）作为产物分子的类标签。Dai 等人[2]提出最先进的基于模板的方法——GLN（graph logic network），即在图神经网络（graph neural network，GNN）的基础上建立了一个条件图模型，用于匹配子图模式并推理反应规则。该模型通过图神经网络学习如何应用化学反应的模板，并且隐式地考虑到结果的可行性以及重要性。为了降低计算代价，采用一种层次化的高效采样方法。许多无模板的方法使用 GLN 作为比较性能的基线。

尽管基于模板的方法具有很强的可解释性，正如化学家所想的那样，但存在两个问题。

（1）泛化性差。这些方法的覆盖范围有限，它们很难预测具有未知结构或属于未知反应类型的反应，因为这些变化不能被模板完全涵盖，这类方法也不能设计出新的断键策略。

（2）可扩展性差。基于模板的方法通常不能在大规模模板集上扩展，因为子图同构的计算成本是相当高的。

2. 不依赖模板的方法

随着机器翻译的发展引起越来越多的关注，一些研究人员发现，机器翻译和逆合成之间的类比是显而易见的。机器翻译将句子从源语言翻译成目标语言，研究人员认为这种思想可以应用到逆合成中，实现从目标产物到反应物的翻译。根据分子的表示形式，不依赖模板的方法包含两种类型：基于序列的方法和基于图的方法，如图 10.5（b）和 10.5（c）所示。

（1）基于序列结构的方法。

序列到序列（sequence-to-sequence）是一类端到端的算法框架，它通过编码器-解码器的结构完成从序列到序列的转换，可在某些场景中使用，如自动语音识别和机器翻译等。对于编码器-解码器而言，编码器负责将输入序列的信息编码为向量，而解码器将向量还原为序列。第一个无模板逆合成方法是 Liu 等人[3]提出的 seq2seq。seq2seq 将逆合成看作一个机器翻译的过程，通过一个编码器-解码器结构，包括长短期记忆单元（long short-term memory，LSTM），将产物的 SMILES 表示转换为反应物的 SMILES 表示。LSTM 可以学习序列中的长距离依赖关系[4]和注意力架构[5]。seq2seq 不能显著提高预测的准确性，而且会

① Baylon J L, Cilfone N A, Gulcher J R, et al. Enhancing retrosynthetic reaction prediction with deep learning using multiscale reaction classification[J]. Journal of Chemical Information and Modeling, 2019.
② Dai H, Li C, Coley C, et al. Retrosynthesis prediction with conditional graph logic network[J]. Advances in Neural Information Processing Systems, 2019, 32.
③ Liu B, Ramsundar B, Kawthekar P, et al. Retrosynthetic reaction prediction using neural sequence-to-sequence models[J]. ACS Central Science, 2017, 3(10): 1103-1113.
④ Graves A. Long short-term memory[J]. Supervised Sequence Labelling with Recurrent Neural Networks, 2012: 37-45.
⑤ Bahdanau D, Cho K, Bengio Y. Neural machine translation by jointly learning to align and translate[J]. arXiv, 2014, 1409.0473.

产生许多化学上无效的前体，但可将环境的信息与分子结构结合起来。虽然像 LSTM 和门控循环单元这样的递归神经网络[①]采用更直接的梯度反向传播方式有助于避免梯度消失，但它们很难将句子并行化。

Transformer 架构由一个编码器和一个解码器组成，没有任何循环层，将基于序列的表示法编码为向量，而解码器产生向量。这样一个具有固定结构的 Transformer 架构能够捕捉到句子中的长程依赖关系，并结合注意力机制实现学习过程的并行化。近年来，Transformer 在一些领域取得了巨大的成功，包括机器翻译、文本生成和语义分析等。Karpov 等人[②]提出的用于逆合成的 Transformer 方法使用了 Transformer[③]的框架，与基于 LSTM 的 seq2seq 架构不同，它可以提取独立于输入和输出序列之间距离的局部特征和全局特征，以获得更好的性能。Zheng 等人[④]在传统的 Transformer 上增加了一个名为 SCROP 的语法校正器，以解决 seq2seq 中语法无效输出的问题。

这些基于序列的方法存在很大的不足，原因在于用到的 SMILES 字符串要求特定的顺序。一方面，这种结构容易忽视分子图中丰富的结构信息，如分子中原子间的相互作用。另一方面，它不能合理解释产生的 SMILES 的有效性，因此导致模型收敛速度较慢或结果不佳。与二维图结构相比，SMILES 的一个优势是基本的立体化学可以被表示出来。最近，Seo 等人[⑤]重新审视了基于序列的模型未被开发的潜力，将图信息补充到 Transformer 架构，提出的方法称为 GTA（graph truncated attention）。具体来说，GTA 利用分子图结构和序列结构的双重特性，应用分子图和原子映射的几何特征来进行逆合成。因此，GTA 超越了其他基于序列的方法，并且完全无须任何反应类的信息。

（2）基于二维图结构的方法。

与线性表示方式相比，图表示法中的所有子图都是可解释的，而线性表示中的子串并不总是这样。随着图神经网络的发展，出现了许多基于图的逆合成工作。图神经网络通过在分子图上递归地传递信息，聚集其相邻原子的特征来学习每个原子的特征，直到图嵌入达到稳定的平衡。学习到的原子特征可以用来预测分子的特性。图神经网络通过图卷积自动学习特定任务的特征，而不需要手工编码的描述符和指纹。化学反应前后，分子结构只有一小部分发生变化，这一事实给研究人员提供了解决问题的方法。他们利用图神经网络设计的合成过程包含两个阶段，分别为产物分子断键形成合成子以及补全合成子以形成反应物，如图 10.5（c）所示。其中合成子的结构可能是不完整的，并且作为中间分子是无效

① Irsoy O, Cardie C. Deep recursive neural networks for compositionality in language[J]. Advances in Neural Information Processing Systems, 2014, 27:2096-2104.

② Karpov P, Godin G, Tetko I V. A transformer model for retrosynthesis[C]. International Conference on Artificial Neural Networks. Springer, Cham, 2019: 817-830.

③ Vaswani A, Shazeer N, Parmar N, et al. Attention is all you need[J]. Advances in Neural Information Processing Systems, 2017, 30:5998-6008.

④ Zheng S, Rao J, Zhang Z, et al. Predicting retrosynthetic reactions using self-corrected transformer neural networks[J]. Journal of Chemical Information and Modeling, 2019, 60(1).

⑤ Seo S W, Song Y Y, Yang J Y, et al. GTA: graph truncated attention for retrosynthesis[C]. Proceedings of the AAAI Conference on Artificial Intelligence. 2021, 35(1): 531-539.

的。不同方法间的差异在于对断键和补全合成子的设计策略不同。

　　Shi 等人[1]提出了一种称为 G2Gs（Graph to Graphs）的图到图翻译的方法。G2Gs 在标准图卷积网络上完成了对边的分类，以找到高活性的反应位点，然后进行一系列条件图的生成得到反应物。然而，G2Gs 在很大程度上依赖于有经验的化学家标注的原子映射，并与基于模板的模型一样，存在覆盖范围有限的问题。Somnath 等人[2]设计的 GraphRetro 没有像 G2Gs 那样直接预测原子对，而是用消息传递网络编辑现有的键和氢原子的数量来确定合成子，然后通过构建一个有关合成子集和反应物集对应的词汇表来补全合成子。Yan 等人[3]提出的 RetroXpert 通过边增强图注意网络学习图的节点嵌入和边嵌入，以预测每个键的断裂概率以及断裂键的总数，而 RetroXpert 中的反应物生成模块则像基于序列的方法那样，利用 SMILES 字符串将合成子转变为反应物。此外，Sacha 等人[4]提出了一个有趣的策略——MEGAN（molecule edit graph attention network），通过堆叠基于图注意力网络的图卷积层实现。他们认为单步逆合成是对产物图应用一系列的图操作的过程，其中涉及 5 种操作，分别为编辑原子（edit atom）、编辑键（edit bond）、添加原子（add atom）、添加苯环（add benzene）和终止（stop）。与在 SMILES 中依次输出单个符号的基于序列的方法不同，MEGAN 依次预测输入图上的每个操作，以达到预期的输出图。该模型将反应编码为一系列图形编辑，在逆向合成和正向合成方面都取得了有竞争力的性能，尤其是在较大 k 值时达到了最先进的 Top-k 精度，这显示了该模型的反应空间的出色覆盖。总之，MEGAN 汇集了无模板和基于模板的模型的强大之处，可以应用于逆向合成任务。

10.3.2　多步逆合成设计

　　化学合成是一个复杂的过程，其中任何不成功的反应都可能会破坏整个合成路线。虽然单步合成方法已经有了很大的改进，但为了完善完整路线的设计，满足目标分子高复杂性的实际要求，有必要提高多步逆合成模型的性能。多步逆合成包括一个预测直接前体的单步逆合成模块以及一个递归应用单步模块的搜索规划模块。例如，Coley 等人[5]通过递归地应用单步逆合成的断开策略，展示了两个药物分子的多步合成路线。多步逆合成中的每一步都要面临成千上万个前体，因此设计出优秀的扩展策略至关重要。尽管不需要特定的

① Shi C, Xu M, Guo H, et al. A graph to graphs framework for retrosynthesis prediction[C]. International Conference on Machine Learning. PMLR, 2020: 8818-8827.

② Somnath V R, Bunne C, Coley C W, et al. Learning graph models for template-free retrosynthesis[J]. arXiv 2020, 2006.07038.

③ Yan C, Ding Q, Zhao P, et al. Retroxpert: Decompose retrosynthesis prediction like a chemist[J]. Advances in Neural Information Processing Systems, 2020, 33: 11248-11258.

④ Sacha M, Błaz M, Byrski P, et al. Molecule edit graph attention network: modeling chemical reactions as sequences of graph edits[J]. Journal of Chemical Information and Modeling, 2021, 61(7): 3273-3284.

⑤ Coley C W, Rogers L, Green W H, et al. Computer-assisted retrosynthesis based on molecular similarity[J]. ACS Central Science, 2017, 3(12):1237-1245.

搜索技巧也能找到完整的路线，但这种路线不能保证可以直接使用，因为这种方法在某些方面容易陷入局部最优解，如原料成本或合成难度。先前对完整路线规划的研究是围绕着树搜索方法进行的，包括深度优先、最佳优先等。但这些传统的启发式方法往往根据搜索速度进行优化，不能保证路线的质量，也不能保证其化学可行性。近些年，深度强化学习在组合游戏方面有着出色的表现，如 AlphaGo 可以在任何状态下学习任何可能的行为。受此启发，研究人员认为强化学习能够赋予逆合成设计一种新的能力，使之具有不可思议的改进。

　　蒙特卡洛树搜索（Monte Calro tree search，MCTS）是通过逐步提高统计树的决策来找到最佳决策，并引导人工智能朝着期望的方向搜索。搜索树的自动增长需要无数次的迭代，迭代的次数越多，蒙特卡洛树搜索就越接近完美的解决方案。此外，多步逆合成中每步产生的潜在反应物的组合空间是一个天文数字，蒙特卡洛树搜索策略能够有效地减少搜索空间，并找到当前树中最需扩展的节点。因此，蒙特卡洛树搜索是解决像逆合成这样的高分支可能性问题的理想方案。Segler 等人[1]提出了将 3 个神经网络与一个蒙特卡洛树搜索结合的多步逆合成方法，叫作 3N-MCTS。该方法在双盲 AB 测试中几乎达到了与文献路线一致的水平。3N-MCTS 通过迭代选择（selection）、扩展（expansion）、展开（rollout）和更新（update）4 个阶段完成搜索过程。3N-MCTS 将推荐的合成路线送入范围内过滤器网络，以过滤掉不可能的反应，由于采用了这种过滤机制，在速度和质量上表现得也更好。尽管 3N-MCTS 可以为更多的分子设计合成路线，但它对天然产物仍无能为力。随后，Chen 等人指出 3N-MCTS 方法存在局限性。由于在 3N-MCTS 中使用一系列的分子而不是单独的分子作为树的节点，搜索树的结构很难表示和扩展。此外，该算法未能充分利用过去产生的好的建议。针对上述问题，他们提出了 Retro*，该算法利用与或树来描述反应的信息，并通过神经网络从先前的规划经验中学习，引导对未见过的分子的规划朝着期望的方向发展。具体而言，在搜索树中一个分子可以由该节点的任何一个子反应合成（或关系），而一个具体的反应需要用到该节点下所有的分子（与关系）。Kim 等人[2]使用基于模板的反应模型和 Retro*的搜索算法解决了逆合成问题。他们过滤不现实的反应并修改反应来提高数据集的质量，使预测的结果可靠。由于 Transformer 架构在机器翻译任务中表现良好，而且逆向合成规划在某些情况下与机器翻译类似，Lin 等人[3]在两个数据集（USPTO_50k 和 USPTO_full）上开发了基于 Transformer 的单步模型，并进一步使用带有启发式的蒙特卡洛树搜索的打分函数构建了一个名为 AutoSynRoute 的自动搜索系统。

　　与蒙特卡洛树搜索策略不同，Schreck 等人[4]提出的另一种更新树搜索的策略是在学习

① Segler M, Preuss M, Waller M P. Planning chemical syntheses with deep neural networks and symbolic AI[J]. Nature, 2018, 555(7698):604.
② Kim J, Ahn S, Lee H, et al. Self-improved retrosynthetic planning[C]. International Conference on Machine Learning. PMLR, 2021: 5486-5495.
③ Lin K, Xu Y, Pei J, et al. Automatic retrosynthetic route planning using template-free models[J]. Chemical Science, 2020, 11(12): 3355-3364.
④ Schreck J S, Coley C W, Bishop K J M. Learning retrosynthetic planning through simulated experience[J]. ACS Central Science, 2019, 5(6).

过程中的每个动作结束时进行更新，而不必等到完整的模拟结束再更新。研究人员训练了一个神经网络模拟经验，通过拟合一个价值函数来选择下一个反应，并通过策略迭代学习一个扩展策略。具体而言，从一个完全随机的状态开始，通过策略不断选择合适的反应，建立一个合成树，其根是目标分子，叶子是可商购的起始原料。如果把整个合成路线看作一个链条，那么一个单步反应可以被看作其中的一个环节，涉及反应模板的选择及向下一个状态的过渡。该算法为更新策略，包含两个成本，分别为合成目标分子的成本和相关前体的成本，并在每一步中用新策略选择反应，以优化旧策略下的预期成本。

10.4　用于逆合成设计的进阶工具

在为复杂产物设计合成路线时，随着路线长度的增加，克服搜索空间的指数级增长是必不可少的。即使对有经验的化学家来说，也是一个巨大的挑战。与人工设计相比，计算机具有强大的计算能力，而且工作时不受干扰。将费力的计算委托给计算机以尽可能地实现自动化，可以极大地促进化学家的工作。随着计算能力和人工智能技术的不断进步，计算工具逐渐成为人们喜爱的辅助工具，可以辅助甚至替代人脑完成逆合成设计。

最初，基于规则的工具，如 Corey 小组的 LHASA 和 Wipke 开发的 SECS（simulation and evaluation of chemical synthesis）[1]，在反应规则的数量及多样性方面远远不能满足需求。之后的程序，如 Syntaurus，虽然补充了相对丰富的反应规则，基本满足人们对化学空间的要求，但其在设计路线方面仍未展现出计算工具的强大威力。随后，逐渐涌现出许多自动计算工具，如 SymBioSys 公司开发的 ARChem 路线设计系统。这类工具的表现证明了完全数据驱动地利用计算机设计路线是完全有可能的。随着人们逐渐认识到统计方法的重要性，目前开发的平台主要是将反应规则和机器学习方法相结合。如今，一些平台已经免费提供服务，如 AiZynthFinder、LillyMol 等，其他商业化工具也有不错的表现，如 SciFinder[n] 和 spaya.ai 等，详情如表 10.3 所示。本节重点介绍 3 个最近比较流行的且相对成熟的逆合成平台。

10.4.1　Chematica

先前的一些工具（如 SciFinder 的 SciPlanner 和 Reaxys 的 Auto Plan 等）在逆合成规划中每一步为用户做出最佳选择作为最终完整路径的一部分。领导开发 Chematica 的 Grzybowski 教授意识到单步中的最优选项不一定会构建出最佳的完整路线，只有知道完整的路径信息才能确定最佳路径，并且 Grzybowski 及其团队用多项工作表明，连接存在相关

---

① Wipke W T, Ouchi G I, Krishnan S. Simulation and evaluation of chemical synthesis-SECS: an application of artificial intelligence techniques[J]. Artificial Intelligence, 1978, 11(1-2): 173-193.

关系的数据对形成的网状结构可以快速找到合理路径。因此，他们巧妙地构建了一个大型网状结构的逆合成路径搜索工具，用以在市场短缺底物时提供可行的替代方案作为应急措施。又经过几年的发展和研究，Grzybowski 及其团队报告了使用 Chematica 为多种具有商业价值的活性物质设计的合成路线并在实验室中成功执行。进阶版的 Chematica 为复杂的天然产物设计的路径通过了"合成化学版"的图灵测试，这意味着它们的解决方案可以与合成专家设计的方案相媲美。Chematica 展现的能力已经相当强大，并且 Grzybowski 及其团队鼓励学术界和工业界的研究者使用其设计合成路线。整个团队以极大的投入（用将近20 年的时间，以人工编码的方式录入化合物和反应规则）教会 Chematica 模仿人类化学家的思维方式进行设计。但实际上目前它只能成为人类化学家的有用助手，至今仍不具备能发现全新反应类型的人类化学家的智慧。Grazybowski 及其团队设想，下一步他们将培养Chematica 的"智慧"，引导其更智能地走向最优的合成，为化学家服务。

表 10.3　逆合成设计平台

平　台	时　间	数 据 源	方　法	机　构	特　点	开放性
LillyMol	2019 年至今	USPTO, DrugBank	基于模板	EliLilly and Company	产生单步建议	开源
AiZynthFinder	2020 年至今	USPTO 等	基于模板	AstraZeneca	提供两种接口	开源
ASKCOS	2017 年至今	USPTO 等	基于模板	MIT	提供多种服务	注册可用
RXN	2018 年至今	USPTO, Pistachio 等	不依赖模板	IBM	结合人工智能、自动化和云服务技术	注册可用
Chemical.AI	2016 年至今	—	—	Chemical.AI	利用用户经验，定制化路线	注册可用 商用
spaya.ai	2020 年至今	—	—	Iktos	保存全部起始原料集	30 天试用 商用
ICSYNTH	2005 年至今	ELNs, SPRESI	基于模板	deepmatter	链接到文献/数据库提供验证	商用
Chematica (Synthia)	2012 年至今	—	基于模板	Merck	能为复杂天然产物设计路线并且实验验证	商用
SciFinder^n	2015 年至今	Reaxys, ZINC	基于模板	Chemical Abstracts Service	利用 CAS 反应集进行完整路线设计	商用
Reaxys Predictive Retrosynthesis	2017 年至今	USPTO, ZINC 等	基于模板	Elsevier	利用 Reaxys 中高质量实验数据	商用
Molecule.One	2018 年至今	—	不依赖模板	Molecule.one	每小时可筛选多达 5000 种化合物	商用

10.4.2　ASKCOS

复杂分子的合成从构思到实现往往要耗费化学家数年时间以及巨大的成本，并且合成过程又是一个不断重复的过程。尽管逆合成设计目前已实现局部自动化，但在整个过程中仍很大程度地依赖人工干预。这不禁令人思考：能否寻找一个范式作为固定的合成套路，仅在特定的情况下进行人工干预呢？为此，Coley 及其团队构建了一个平台，称为 ASKCOS，由人工智能技术设计合成路线，并由机器人技术自动化执行合成。ASKCOS 的自动化过程分为 3 个阶段，包括选择路线、开发工艺和执行反应。首先，ASKCOS 根据从 USPTO 和 Reaxys 中学到的反应模板进行逆合成设计，确定反应条件和路径评估。其次，化学家检查该路线并定义能从化学合成转换到机器人平台的 CRFs（refined chemical recipe files）。最后，机器人根据配方进行配置，监控整个过程，执行合成操作。该平台极大改善了全自动的化学合成过程，减轻了化学家的负担，使他们可以专注于新的研究。但 ASKCOS 只能应用在仅在几个步骤内合成的简单例子，很难处理复杂的分子以及未知类型的反应。

ASKCOS 提供了独立的图形用户界面，使得化学家可以轻松地与 ASKCOS 建议的路线和预测进行交互，可以从不同角度对 ASKCOS 的性能进行评估，并且对模型的建议进行验证。

ASKCOS 最重要的功能是多步合成路线设计，而使用结果表明，合成路径设计能否成功的主要因素在于可用化合物数据库的覆盖范围。葛兰素史克公司发现，通过 ASKCOS 设计 69 个目标分子的合成，如果采用公开的化合物数据库（含 138K 化合物），可为 54% 的分子发现可用的合成路径。而使用公司内部的扩展数据库（含 8M 化合物），则可以为 67% 的分子规划可用合成路径。ASKCOS 在逆合成分析中的案例之一是 branebrutinib 的逆合成设计。

10.4.3　RoboRXN

最近，IBM（International Business Machines Corporation）建立的 RoboRXN 云端实验室将人工智能、自动化和云计算 3 种技术结合，为化学合成产业赋能。RoboRXN 建构在化学反应路线的 Ground Truth 数据集之上，使用大量化学配方训练，学习化学物质的详细信息，进而能够以正确的操作顺序输出目标化合物。其构建目的是要以 AI 代替烦琐的人工任务，并允许在云上操作，来推理整个化学反应过程以及需要的原料。据悉，该项工作已被应用于 COVID-19 潜在治疗药物 3-Bromobenzylamine 的合成预测中。IBM RXN 的提出最早被用在化学反应预测。2019 年，IBM 的研究人员使用基于序列的方法进行逆合成设计，并且动态构建超图对过滤和进一步扩展节点，以解决在某些类别上不合逻辑的断开策略。这是迄今为止唯一的不依赖原子映射的研究，因为试剂没有从反应中移除，反应物和试剂是同时被模型预测的。2020 年，IBM 又将此平台与机器人技术结合，将平台打造成可为化学家提供化学合成全自动的云端服务。该平台允许为化学家上传到云端的分子设计合成路径，然后将合成方法转换成指令，远程控制实验室的机器自动合成。目前，RoboRXN 只能完成有限步（4～5 步）

的合成任务，但其发布会上展示的 3-Bromobenzylamine 的合成过程已经足以令人惊艳。

10.5　总　　结

深度学习的最新发展为计算化学合成提供了许多机会。本章全面介绍了基于深度学习的数据驱动的逆合成设计方法的进展。这些工作不仅具备基本的预测能力与文献匹配，而且使逆合成工作更加灵活，甚至可为化学家提供新颖的合成路线。其中一些自动化工具使化学家专注于更复杂的合成任务。这些方法在有机合成领域内应用，当与药物发现相结合时，可能会促进个性化医学的发展。

然而，仍有几个需要在未来解决的瓶颈。

首先，一些模型提出的合成路线缺乏有关反应条件的信息，如试剂、催化剂、溶剂、温度等。对于领域专家来说，将路径转换为实验程序仍是一个尚未解决的难题。最近开发的算法进行了初步尝试。在未来，将考虑向逆合成设计中添加必要的约束信息。

其次，现阶段的逆合成设计在某些情况下会遇到计算上的困难。例如，现有的多步算法对复杂分子的路线设计仍不顺利。基于模板的方法受到子图同构的影响，难以推广到大型数据集。因此，有必要提高硬件实力，提供新的解决方案，以避免高计算的复杂性。

最后，不仅要整理更好的数据集，而且要设计更好的指标来评估单步和多步逆合成方法。目前，单步逆合成的评价指标具有误导性，多步逆合成算法缺少基准进行比较。无论是单步还是多步逆合成设计，尽管出现了新的、可能可行的标准，但都没有形成成熟的局面。值得思考的是，如何足够全面地评估计算合成方法。计算机科学家和化学家之间的合作对于评估标准的设计和结果的验证是必要的。在数据集层面，USPTO 数据集及其变体由于具有开放性和易得性，是学术研究中最受欢迎的数据集。然而，USPTO 存在原子映射不准确和立体化学数据嘈杂的问题，目前还没有更好的替代数据集。一个优质的数据集对于深度学习算法的重要性不需要进一步解释，所以构建合适的数据集和解决数据集中的矛盾描述也是加速该领域发展的关键。

未来，逆合成设计将与化学自动化紧密结合，朝着可持续和有价值的方向发展，这将进一步提高药物设计的生产力。展望未来，由于融合了研究人员和机器的智慧和算力，之前漫长而艰难的逆合成设计之路将变得更加有希望。

更多参考文献请扫描下方二维码获取。

第 11 章　生物医学命名实体识别

11.1　概　　述

生物医学文献数量众多且增长迅速。例如，PubMed 收录了超过 3000 万篇文献，中国生物医学文献数据库保存了超过 1100 万篇文章，尤其是在新冠肺炎疫情发生后，生物医学类文献的增长更为迅速，平均每天有 3000 多篇新文章发表在同行评审的期刊上。因此，对从大量文献中提取信息的文本挖掘工具的需求越来越大。

生物医学命名实体识别（biomedical named entity recognition，BioNER）是生物医学文献挖掘的重要任务之一，它的目的是从大量的非结构化医学文本中找出基因、疾病、蛋白质等的生物医学命名实体（biomedical named entities，BioNEs）边界，是关系提取、知识图谱构建、生物医学实体链接预测等任务的基础。例如，从句子"唑米曲坦是一种治疗偏头痛的药物，它作用于 5-HT1B/D 受体"中可以识别出两个实体："唑米曲坦"和"5-HT1B/D"。BioNER 比一般领域的命名实体识别（named entity recognition，NER）任务更具有挑战性，主要体现在以下方面。

（1）单个 BioNE 可能由多个单词组成，如"遗传性非息肉性结直肠癌综合征（hereditary non-polyposis colorectal cancer syndrome）"。

（2）单个 BioNE 可能有多个变体名称，如"唑米曲坦（zolmitriptan）"也可以称为"zomig"或"zomigon"。

（3）相同的缩写可能代表不同的含义，如"B"可以指代"芽孢杆菌"或"全血"。

（4）实体是嵌套的，如实体"HTLV-I 感染的脐带血淋巴细胞（HTLV-I-infected cord blood lymphocytes）"嵌套有实体"HTLV-I"。

为了解决这些问题，目前已经提出了许多算法来自动识别 BioNEs，大致分为 3 类：传统方法、传统机器学习方法和深度学习方法。

传统的 BioNER 方法分为基于词典的方法和基于规则的方法。基于词典的方法主要通过与词典匹配的方式来识别文本中的 BioNEs，通常采用的匹配方式有完全匹配和部分匹配，需要人工构造由 BioNEs 组成的专业词典，识别性能在很大程度上依赖于词典的规模和质量。基于规则的方法通过使用预定义的规则模板来识别 BioNEs，规则包括关键词、位置词、方位词、中心词、指示词、统计信息、标点符号等，效果受到规则的限制。虽然这两种方法在词典或规则表示范围内可以达到很好的性能，但难以识别超出范围的实体，鲁棒性差。

机器学习的方法能很好地克服传统方法的缺点。基于传统机器学习的方法利用预定义的特征，如大写、前缀和后缀，或者预标注的数据来学习模型，然后从未标注的数据集中分类相似结构的实体。但预定义或者预标注特性工程不仅耗时，而且很大程度上依赖专业知识进行大量的人工预处理，成本较高。

近年来，由于深度学习方法能自动有效地发现隐藏特征，因此在许多研究领域被普遍使用。按照模型的使用数量和结合方式大致分为 4 类：基于单一神经网络、基于多任务学习、基于迁移学习和基于混合模型的方法。本章从深度学习方法出发，对 BioNER 的相关工作进行梳理。

11.2 深度学习 BioNER 结构

从生物医学文本中识别相应的实体大致分为 3 个步骤（见图 11.1）：数据集的准备、实体特征的提取和候选实体的分类。其中，数据集的规模和质量对最终结果的影响很大，数据集的领域也影响着模型的性能，目标领域数据集训练的模型的效果必然优于通用数据集训练的效果。端到端的深度学习需要大量高质量的标记数据集，如何充分选择和利用数据集是 BioNER 任务的关键。

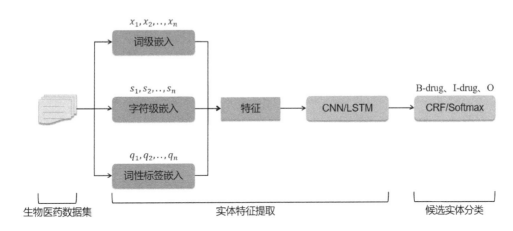

图 11.1 BioNER 的大致流程

深度学习通常不需要人工标记的特征，它们自主地从数据集中学习有用的特征。用于自然语言处理（NLP）的深度神经网络将文本信息嵌入视为输入，通常有字符级、词级、标签嵌入等，为 BioNER 任务提取有用的特征。提取特征的方式以及特征的组合影响最后的结果，因此深度学习模型对实体特征的提取是 BioNER 最重要的一步。

BioNER 的最终目的是找到 BioNEs 的边界。用一个特定的规则，结合神经网络学习到的特征对文本中的每个词做出判断，深度学习神经网络自动提取到单词数据特征后，根据学到的特征判断是否为 BioNEs 以及属于哪一类别和哪一部分，进而找出最终的完整 BioNEs。

11.2.1　数据集的准备

深度神经网络在单个数据集上的性能主要取决于数据的规模和质量。目前使用的数据集几乎都来源于对大量生物医学文献的标注，这些数据集通常都是为了开发某一特定的系统或者完成挑战任务而创建并由特定领域的专家手动注释或使用 NLP 工具自动拓展注释的。这些数据集采用不同的方法注释。人类专家注释的语料库通常准确率高、噪声少，被称为黄金标准语料库（gold standard corpus，GSC），是 BioNER 的标准语料库。但人工注释需要消耗大量的人力、物力，因此数据集规模较小，无法满足深度学习的要求。使用 NLP 注释工具，如 BRAT[①]、Knowtator[②] 等注释的语料库通常规模大、噪声多，被称为白银标准语料库（sliver standard corpus，SSC），是根据标准语料库自动扩展来的。它们的数据规模能够满足深度学习的需求，但通常假阳性率也比较高。因此，根据任务需求合理选择数据集十分重要。

值得一提的是，即使是黄金标准语料库，数据集之间仍存在很大的标注差异，如一些专家认为应该把描述性的词作为实体的一部分，而有些专家则不认同。基于数据集标注差异，Tsai 等人[③]提出使用更宽松的匹配标准来减少标注不一致问题给模型带来的影响。

大多数深度学习 BioNER 模型都是通用的，即使针对特定领域的 BioNER 模型也能迁移到其他领域的数据集上。基于此，一些研究者使用深度学习模型分别在疾病、药物、化学、临床等领域数据集上进行了实验测试和讨论，用以评估 BioNER 模型和数据集的质量。

11.2.2　实体特征的提取

BioNER 本质上是学习已知 BioNEs 的有用特征，然后根据这些特征判断单词是不是 BioNEs。而深度学习本质上是一种表示学习，得益于一系列能有效捕获原始数据所蕴含的特点和规律的特征提取器，深度学习能够在一定程度上避免手动的特征工程。深度学习模型的选择影响特征的提取，如卷积神经网络（convolutional neural networks，CNN）[④]模型

① Damian S, Morris J H, Helen C, et al. The STRING database in 2017: quality-controlled protein–protein association networks, made broadly accessible[J]. Nucleic Acids Research, 2017:D362-D368.

② Luo L, Yang Z, Yang P, et al. An attention-based BiLSTM-CRF approach to document-level chemical named entity recognition[J]. Bioinformatics, 2018, 34(8): 1381-1388.

③ Tsai R T H, Wu S H, Chou W C, et al. Various criteria in the evaluation of biomedical named entity recognition[J]. BMC Bioinformatics, 2006, 7(1): 1-8.

④ Wu J. Introduction to convolutional neural networks[J]. National Key Lab for Novel Software Technology. Nanjing University. China, 2017, 5(23): 495.

适合提取实体局部特征，适用于局部相关性较强的情况；而长短期记忆（long short-term memory，LSTM）[①]模型适合提取实体全局特征，适用于从句子整体考虑相关特征。

除了模型的选择，特征的选择也影响 BioNER 性能。目前能够提升任务性能的特征有很多，Alshakhdeeb 等人[②]将这些特征分为 4 类：形态特征、字典特征、词汇特征和距离特征。其中，形态特征、距离特征和词汇特征是神经网络模型能够自动学习到的。形态特征就是词的组成形式，通常生物医学专有名词都会有大写字母、数字、特殊符号、前缀和后缀等，如果一个单词由大写字母和数字组成，它极有可能是一个 BioNE，如"P95VAV"表示"蛋白质实体"；距离特征考虑两个词之间的相关性和距离，相关的单词向量空间距离更近，容易被共同识别，如"原发性糖尿病"属于"先天性代谢缺陷疾病"，这两个疾病之间具有相关性，如果"原发性糖尿病"被识别出来，"先天性代谢缺陷"也更容易被识别；词汇特征是从语法的角度考虑词的信息，一个命名实体在句子中的成分一定是名词。神经网络主要从 4 个层面来获取这些特征，即字符嵌入、词嵌入、句子上下文嵌入和词性标签嵌入。

目前，词嵌入（如 word2vec）是 BioNER 最常用的获取实体向量空间特征的嵌入。相比于统计的词编码方式，如 one-hot 编码，使用词嵌入的优点十分明显。使用 one-hot 编码的词维度通常很大，使得计算负荷很高，将实体进行低维度的词嵌入在减少计算量的同时还能考虑词之间的相似性，方便利用上下文信息。例如，使用 one-hot 编码方法编码句子"从粟酒裂殖酵母中发现了一个新的与 RecA 同源的 DNA 修复基因"时，"粟酒裂殖酵母"和"RecA"被编码为维度为词典长度但只有一位值为 1、其他全为 0 的向量，这使得向量维度很大但信息损失严重，如果将这两个 BioNEs 进行词嵌入，就可以计算向量的空间距离，从而得知这两个 BioNEs 具有高度相关性。

从词嵌入得到的信息是有限的。一方面，当出现的词不在词典范围内（out of vocabulary，OOV）时，词向量工具只能随机赋予一个初值，无法生成相应的词向量。另一方面，词级信息不包含前、后缀等实体形态特征，而在生物医学中，同一类型的 BioNEs 通常有相同的形态特征，如乙醇（n-propanol）和正丙醇（ethanol）都属于醇类物质，有相同的后缀-nol。为了解决以上问题，字符嵌入被提出用来获取实体形态特征。图 11.2 显示了 CNN 通过字符嵌入获取蛋白质 BioNE 向量的过程。

词性标签嵌入能够使网络模型学习到词汇特征。BioNEs 在句子中的词性一定是名词，通过标注句子中的每个词的词性，可以筛掉介词等非必要词，提高识别速度。词性标签嵌入也能帮助网络模型学习到 BioNEs 与上下文的词性关系，提高识别准确率。目前提供词性信息的数据集只有 GENIAL，图 11.3 展示了 GENIAL 数据集中句子的词性信息。除此之外，还可以使用现有的词性分析工具，如 CoreNLP[③]。

① Graves A. Long short-term memory[J]. Supervised sequence labelling with recurrent neural networks, 2012: 37-45.
② Alshaikhdeeb B, Ahmad K. Biomedical named entity recognition: a review[J]. International Journal on Advanced Science, Engineering and Information Technology, 2016, 6(6): 889-895.
③ Manning C D, Surdeanu M, Bauer J, et al. The stanford CoreNLP natural language processing toolkit[C]. Proceedings of 52nd Annual Meeting of the Association for Computational Linguistics: System Demonstrations, 2014: 55-60.

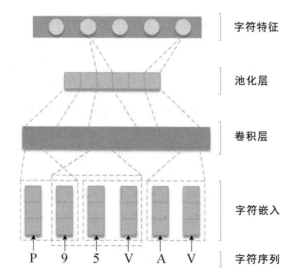

图 11.2　CNN 模型提取实体字符特征

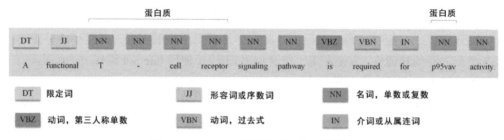

图 11.3　GENIAL 数据集的词汇词性特征

11.2.3　候选实体的分类

BioNER 精度与数据标签标注方法存在一定关联。最常用的 BioNER 实体标签是 BIOES。B（begin）表示实体的开始，I（inside）表示实体的中间部分，O（outside）表示非实体，E（end）表示实体的结尾，S（single）表示只有一个词的单个实体。除此之外，BIO 也是常用的标记之一；还有标记单词之间关系的标签，如 Break 和 Tie，这种标记方法可以在实体边界被标注错误的情况下不丢失内部实体之间的联系，适用于假阳性率高的弱监督或无监督模型。一个好的实体标签也能体现实体的形态特征。同一类型的实体会有相同的词尾组成。通过进一步划分 BIOES 标签，用 F 和 R 标签替换 I 标签来表示实体前半部分和后半部分，从而使模型能够提取形态特征。

神经网络学习实体特征，然后根据特征评估句子中每个词属于各标签的可能性得分，分数越高，被标注成对应标签的可能性越大，最后选择分数最高的标签作为模型的输出。然而，神经网络模型输出的标签之间没有连贯性。一个生物医学实体通常由几个单词组成，同一个实体之间的单词具有相互依赖性，但神经网络模型的输出破坏了这种依赖性。例如，B-disease 标签的后面可能会出现 I-chemical、B-disease 或者 O 等，这样无法判断这个实体属于哪个类别。为了解决这个问题，在神经网络模型之后增加条件随机场（conditional random field，CRF）①是最常用的方法。CRF 模型有特征传递特性，能够考虑标签之间的顺序性，因此通常被用来与 LSTM 模型结合，共同识别生物医学命名实体。而有的模型不与 CRF 结合，只使用 sigmoid 函数作为最终的输出。CRF 与 LSTM 模型结合分类实体的原理如图 11.4 所示。

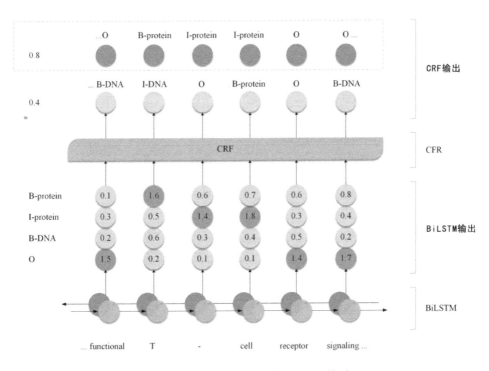

图 11.4　LSTM-CRF 分类 BioNER 的原理

11.3　深度学习方法

根据模型的数量与结合方式，把深度学习方法分成 4 个类别：基于单一神经网络的方法、基于多任务学习的方法、基于迁移学习的方法、基于混合模型的方法。这 4 类方法基本涵盖了 BioNER 近 4 年的所有方法。表 11.1 总结了现有的 BioNER 方法，并评估了这些方法的可用性。

---

① Lample G, Ballesteros M, Subramanian S, et al. Neural architectures for named entity recognition[J]. arXiv, 2016, 1603. 01360.

表 11.1　BioNER 方法

类　型	方法/工具	年　份	资源可获取
基于单一神经网络	Sahu et al.	2016	否
	Luo et al.	2017	否
	Lyu et al.	2017	是
	Habibi et al.	2017	否
	SC-LSTM-CRF	2017	否
	GRAM-CNNA	2018	是
	Korvigo et al.	2018	是
	Tong et al.	2018	否
	Ren et al.	2018	否
	D3NER	2018	是
	Yang et al.	2018	否
	zhai et al.	2018	否
	Layered-BiLSTM-CRF	2018	是
	Cho et al.	2020	否
	Dai et al.	2020	是
基于多任务学习	Crichton et al.	2017	是
	Li et al.	2017	是
	Greenberg et al.	2018	否
	MTM-CW	2019	是
	CollaboNet	2019	是
	Fei et al.	2019	是
	CS-MTM	2019	是
	Zhao et al.	2019	是
	MTL-LBC	2020	是
	DTranNER	2020	是
	MT-BlueBERT	2020	是
	MT-BioNER	2020	否
基于迁移学习	Sheikhshab et al.	2018	否
	SBLC	2018	否
	La-DTL	2018	是
	Giorgi et al.	2018	是
	LSTMVoter	2019	是
	Huang et al.	2019	是
	Miftahutdinov et al.	2020	是
	BioBERT	2020	是
	Naseem et al.	2020	否
	HUNER	2020	是
	HunFlair	2021	是

续表

类　型	方法/工具	年　　份	资源可获取
基于混合模型	SWELLSHARK	2017	否
	AutoNER	2018	是
	DISTNER	2020	否
	Colic et al.	2020	否

11.3.1　基于单一神经网络的方法

单一神经网络模型是只用神经网络模型识别指定任务 BioNEs 的方法。该方法只使用深度学习模型从词嵌入和字符嵌入中学习相应的实体特征表示。由于这种模型只需要使用一个神经网络且只针对一个任务（如使用 BiLSTM 识别 NCBI disease 数据集中疾病实体），实现简单，因此是近年来使用最多的方法。目前最常用的神经网络模型是 CNN 和 LSTM，有时候这两个模型会结合其他神经网络模型或者在它们的基础上进行微调改进，以获得更好的 BioNER 性能。

CNN 是一种特殊的深度神经网络模型，最早应用于图像处理领域，随着发展被逐渐迁移到自然语言处理（natural language processing，NLP）领域。它利用卷积核挖掘数据局部特征。一个 BioNE 内部单词之间联系密切，具有很强的局部性特征，如许多疾病实体都是以单词"disease"结尾。另外，CNN 需要非常少的数据预处理工作，能够从训练数据中学习特征提取层的模型参数，从而避免人工特征提取。

Zhu 等人[1]将 N-gram[2]字符局部上下文、词嵌入与 CNN 结合，提出一个新模型 GRAM-CNN，第一次将 CNN 用于 BioNER。GRAM-CNN 仅使用 CNN 提取特征，充分利用了实体周围的单词信息，但没有考虑整个句子的上下文关系，因此仍有较大改进空间。Korvigo 等人将 CNN 和 LSTM 模型结合识别化学实体，提出一种端到端的、不需要人工创建规则的 BioNER 模型。这些例子说明使用 CNN 模型作为特征提取模型是有效的。

LSTM 是递归神经网络（recurrent neural network，RNN）的变体，可以将其看成一个随时间传递的神经网络，其深度是时间的长度。相较于 CNN，LSTM 模型能够捕捉序列问题，擅长捕获实体的全局特征。与 RNN 的另一个变体——门控循环单元（gated recurrent unit，GRU）相比，LSTM 参数更多、获取的实体特征更多，因此是 BioNER 领域使用最多的深度学习特征提取模型。图 11.5 所示为 LSTM 模型识别 BioNEs 的主要流程。

[1] Zhu Q, Li X, Conesa A, et al. GRAM-CNN: a deep learning approach with local context for named entity recognition in biomedical text[J]. Bioinformatics, 2018, 34(9): 1547-1554.
[2] Kondrak G. N-gram similarity and distance[C]. International Symposium on String Processing and Information Retrieval. Springer, Berlin, Heidelberg, 2005: 115-126.

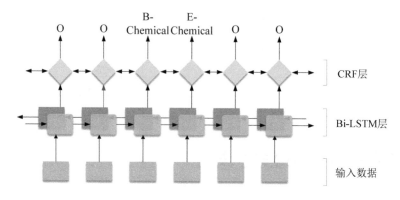

图 11.5　BioNER 的单一神经网络 LSTM 模型

LSTM 模型也可以应用于各种领域 BioNER。Dang 等人[①]在 BiLSTM-CRF 模型上进行了微调，提出 D3NER 模型。该模型能够识别多种类型的 BioNEs，如疾病、基因、蛋白质等。句子中的实体不一定只与它前面的词相关，也可能与它后面的词相关，而 BiLSTM 模型能够从两个方向捕获序列信息，抽取更多有用特征，因此使用 BiLSTM 有利于提高识别效果。Habibi 等人在化学、蛋白质、物种、疾病和细胞这 5 个领域的 33 个数据集上进行了实验，证明 BiLSTM-CRF 比一些单词嵌入工具加 CRF 的模型具有更好的效果。

因为深度学习神经网络模型是从嵌入过程中学习实体特征的，因此文本转换成嵌入的效果会影响之后的特征提取模型。Zhai 等人[②]比较了 CNN 和 LSTM 模型，把文本转换成字符嵌入的速度和质量，发现在使用 CRF 模型作为输出模型的情况下，CNN 转换嵌入特征的时间和效果都优于 LSTM。这可能是由于字符嵌入只与单词内的字符相关，与单词外的字符无关，而 CNN 能够获得单词内的字符相关性，LSTM 则擅长确定单词间相关性。在此基础上，Cho 等人[③]分别使用 CNN 和 LSTM 提取字符表征和语义表征，然后使用 LSTM 模型从这些表征嵌入中学习实体特征。但以上方法仍会忽略实体的一些隐藏特征。SC-LSTM-CRF[④]是一种将上面两个通道和句子级嵌入集成到 LSTM-CRF 模型中的方法。双通道解决了模型丢失隐藏特征的问题，句子级嵌入可以使模型更充分地利用上下文信息，由此提高模型性能。

除了普通实体，神经网络模型也可以识别嵌套实体和不连续实体。识别过程大致分为 3 个步骤：① 观察数据集，判断实体嵌套层数或不连续词间隔数。② 根据特定规则展开嵌套实体或连接不连续实体。③ 使用神经网络模型提取这些实体的形态特征和组合特征。

① Dang T H, Le H Q, Nguyen T M, et al. D3NER: biomedical named entity recognition using CRF-biLSTM improved with fine-tuned embeddings of various linguistic information[J]. Bioinformatics, 2018, 34(20): 3539-3546.

② Zhai Z, Nguyen D Q, Verspoor K. Comparing CNN and LSTM character-level embeddings in BiLSTM-CRF models for chemical and disease named entity recognition[J]. arXiv, 2018, 1808. 08450.

③ Cho M, Ha J, Park C, et al. Combinatorial feature embedding based on CNN and LSTM for biomedical named entity recognition[J]. Journal of Biomedical Informatics, 2020, 103: 103381.

④ Akhondi S A, Hettne K M, Van Der Horst E, et al. Recognition of chemical entities: combining dictionary-based and grammar-based approaches[J]. Journal of Cheminformatics, 2015, 7(1): 1-11.

从这些方法中可以看出神经网络模型具有很强的适应性，可以应用于多个领域和多种实体。

11.3.2　基于多任务学习的方法

多任务学习（multi-task learning，MTL）是一种归纳学习的方法，它同时在多个任务上训练不同的模型，然后共享不同任务模型之间的参数。例如，使用多个 BiLSTM 同时识别细菌 BioNEs 和基因 BioNEs，使得细菌 BioNER 和基因 BioNER 性能都有提高。与单一神经网络模型不同的是，多任务学习结合了不同的任务，使用了更多的数据信息，因此近年来更倾向于使用多任务学习代替单一神经网络模型用于 BioNER。MTL 主要有两种任务结合方式。

（1）硬性参数共享，如图 11.6（a）所示。所有任务共享隐藏层，但保留一些特定任务的输出层。

（2）软性参数共享，如图 11.6（b）所示。每个任务都有自己的参数和模型，但共享软性参数。

这两种方法在不同的数据集上表现出不同的结果，因此要根据具体情况选择合适的任务结合方式。

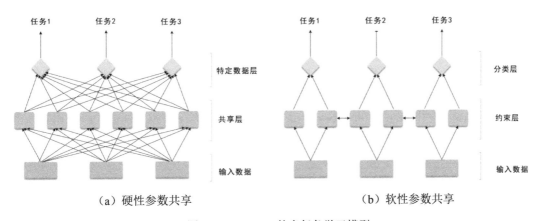

图 11.6　BioNER 的多任务学习模型

多任务学习是和单任务学习相对的一种机器学习方法，两者的区别如图 11.7 所示。在机器学习领域，标准的算法理论是一次学习一个任务，复杂的学习问题先被分解成理论上独立的子问题，然后分别对每个子问题进行学习，最后通过对子问题学习结果的组合建立复杂问题的数学模型。多任务学习是一种联合学习方法，多个任务并行学习，结果相互影响。多任务学习有很多形式，如联合学习（joint learning）、自主学习（learning to learn）、借助辅助任务学习（learning with auxiliary tasks）等。

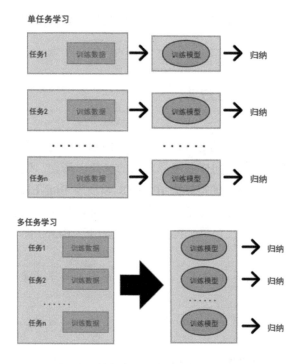

图 11.7　单任务学习与多任务学习对比

MTL 可以在多种基础任务结合方式上进行多种改进，以达到更好的模型性能。为了寻找最佳的任务结合方式，Wang 等人[1]提出了 3 种不同的多任务学习模型（multi-task learning model，MTM）：MTM-C、MTM-W、MTM-CW。这 3 种模型分别共享字符嵌入参数、词嵌入参数以及字符和词嵌入参数。结果表明，性能最好的是 MTM-CW，其次是 MTM-W。与 MTM-CW 相似，CollaboNet 模型也使用了硬性参数共享的方法，共享任务之间的字符嵌入和词嵌入。不同的是，CollaboNet 在多个领域模型上共享参数后，又另外使用软性参数共享的方法将目标数据集与其他共享模型再结合。

同样的，Zuo 和 Zhang 等人[2]在硬性参数共享模型的基础上增加了高速通路层来优化神经网络模型，最终取得的实验效果优于 MTM-CW。在硬性参数共享 MTM 之后增加跨任务调度注意力机制能够充分交换实体边界信息，使得模型能识别嵌套实体。这种在 BiLSTM 模型之后增加注意力机制的多任务学习方法明显优于单任务 BiLSTM 识别嵌套 BioNEs 的效果。

MTL 可以分配模型执行不同的任务。为了充分利用数据集的特征，Wang 等人[3]提出了一种交叉共享多任务 BioNER 模型。他们将 BiLSTM 模型分为私有的（private）和共享的

① Wang X, Zhang Y, Ren X, et al. Cross-type biomedical named entity recognition with deep multi-task learning[J]. Bioinformatics, 2019, 35(10): 1745-1752.

② Zuo M, Zhang Y. Dataset-aware multi-task learning approaches for biomedical named entity recognition[J]. Bioinformatics, 2020, 36(15): 4331-4338.

③ Wang X, Matthews M. Distinguishing the species of biomedical named entities for term identification[J]. BMC Bioinformatics, 2008, 9(11): 1-9.

（shared），private BiLSTM 用于捕获每个数据集的独立特征，shared BiLSTM 用于捕获两个数据集中的相同特征。同样的，DTranNER[①]利用两个独立的神经网络——Unary-Network 和 Pairwise-Network，分别提取单个标签之间的上下文关系和标签对之间的转换关系。这种任务分工的方法能够从不同的角度获取多方面的信息，因此模型性能得到了较大的提升。

　　除了在同一个类型的任务上进行不同的分工，MTL 还可以结合两个不同类型的任务：BioNER 和命名实体规范化（named entity normalization，NEN）。NEN 是 BioNER 的下游任务，提高 BioNER 性能有助于提高 NEN 性能。因此，Zhao 等人[②]使用 MTL 方法结合 NER 和 NEN，使得这两个任务同时执行，并在它们之间增加反馈机制，使之能够相互影响，从而提高每个任务的性能。同样的，关系抽取与 BioNER 密不可分。联合建模关系抽取和 BioNER 能够同时提高这两个任务的性能。Li 等人[③]使用一种神经联合模型来同时提取 BioNEs 及其关系。这个模型在训练的过程中共享两个任务的参数并相互促进性能。

　　MTM 可以共享数据之间的统计优势和特征，但在任务中存在多个标签完全无关的数据集的情况下使用 MTM 非但不能从其他数据集中学到有用的形态特征，还会混淆实体之间的标签。为此，Greenberg 等人[④]提出了一个只考虑“观察标签（observed labels）”的模型 EMCRF 来解决不相交标签的混淆问题。从这些模型可以看出，MTL 能够充分利用各种数据集，学习其中各种信息，所以越来越受人们青睐。随着预训练模型的兴起，MTL 与 BERT 模型结合达到的实验效果更优。因此，多种类型的模型结合也是未来的研究方向之一。

11.3.3　基于迁移学习的方法

　　迁移学习是将某个领域或任务上学习到的知识或模式应用到其他相关的领域或问题中的方法。迁移学习的原理如图 11.8 所示，通常在源领域空间上训练模型，然后将学到的特征、参数等迁移到目标领域并微调。与多任务学习相比，迁移学习在源领域空间和目标领域空间学习的过程是依次进行的，当源数据发生改变时，目标数据也能做出适当调整，适用于数据变化的情况。

　　预训练语言模型是迁移学习的一个特例。传统的 word2vec[⑤]和 GloVe[⑥]是基于上下文的

① Hemati W, Mehler A. LSTMVoter: chemical named entity recognition using a conglomerate of sequence labeling tools[J]. Journal of Cheminformatics, 2019, 11(1):1-7.

② Zhao S, Liu T, Zhao S, et al. A neural multi-task learning framework to jointly model medical named entity recognition and normalization[C]. Proceedings of the AAAI Conference on Artificial Intelligence, 2019, 33(1): 817-824.

③ Li F, Zhang M, Fu G, et al. A neural joint model for entity and relation extraction from biomedical text[J]. BMC Bioinformatics, 2017, 18(1): 1-11.

④ Greenberg N, Bansal T, Verga P, et al. Marginal likelihood training of BiLSTM-CRF for biomedical named entity recognition from disjoint label sets[C]. Proceedings of the 2018 Conference on Empirical Methods in Natural Language Processing. 2018: 2824-2829.

⑤ Goldberg Y, Levy O. word2vec Explained: deriving Mikolov et al.'s negative-sampling word-embedding method[J]. arXiv, 2014, 1402.3722.

⑥ Pennington J, Socher R, Manning C D. Glove: Global vectors for word representation[C]. Proceedings of the 2014 Conference on Empirical Methods in Natural Language Processing (EMNLP), 2014: 1532-1543.

共现信息来得到词嵌入，不能解决一词多义的问题。FastText 包含了单词和子词的形态特征，比 word2vec 更适用于文本分类任务。ELMo 和 BERT 能够学到单词的复杂性和单词在不同上下文中语义的复杂性，很好地解决了一词多义问题。在 BioNER 模型之前使用 ELMo 和 BERT 初始化词嵌入实际上是迁移学习的思想，预先在大型语料库上训练过的语言模型已经学到了很多词和字符间的关系，只需要对目标语料库上的词嵌入进行微调就可以得到准确的分布表示。迁移的两个领域及特征越相关，迁移的效果就会越好，然而 BioNEs 很少出现在其他领域，许多实体不是在一个预先训练的词嵌入词典中。在这种情况下，模型会随机给实体赋一个初值，不能达到预训练的效果，因此选择合适的源语料库对语言模型进行预训练十分重要。

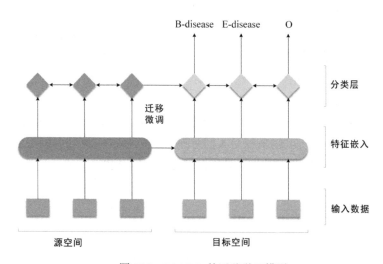

图 11.8　BioNER 的迁移学习模型

为了证明领域对实验结果的影响，Lee 等人[1]在生物医学领域训练了 BERT 模型，提出了一种新的 BioBER 预训练模型 BioBERT。BioBERT 使用 BERT 的参数，在训练过程中针对每个 BioNER 任务进行微调。实验证明，使用 BioBERT 比 BERT 效果更好。同样的，Sheikhshab 等人在生物医学领域训练 ELMo 模型，然后把得到的 BioELMo 嵌入使用到目标数据集上。HunFlai[2]使用在 PubMed 和 PMC 上训练过的 FastText 词嵌入，效果也要优于一般的 BioNER 工具。即使是不能表达上下文关系的 word2vec 模型，在 PubMed 和 PMC 上训练后也能提升实验性能。此外，Naseem 等人[3]把 word2vec、BioELMo 和 BioBERT 有效组合成一个新的表示层，神经网络能从这个新表示层学到更多实体特征。由于结合了多个

① Lee K, Kim B, Choi Y, et al. Deep learning of mutation-gene -drug relations from the literature[J]. BMC Bioinformatics, 2018, 19(1):1-13.

② Weber L, Sänger M, Münchmeyer J, et al. HunFlair: an easy-to-use tool for state-of-the-art biomedical named entity recognition[J]. Bioinformatics, 2021, 37(17): 2792-2794.

③ Naseem U, Musial K, Eklund P, et al. Biomedical named-entity recognition by hierarchically fusing biobert representations and deep contextual-level word-embedding[C] 2020 International Joint Conference on Neural Networks (IJCNN). IEEE, 2020: 1-8.

方面的先验知识，最终实验效果优于单独使用 BioBERT 模型。Chen 等人[1]使用现有的 BioNER 工具和语言模型得到相关 BioNEs 概念的语义表示，并提出一种新的生物医学概念表示嵌入——BioConceptVec。将 BioConceptVec 迁移到其他领域，可以提高生物医学文献挖掘任务的性能。这种在相关领域预训练的语言模型的嵌入能够加速模型收敛过程，有利于后续特征提取任务。

相比于迁移语言模型，用于嵌入表达还可以将学到的特征和参数迁移到其他任务。Weber 等人[2]在涵盖 5 种不同的 BioNEs 类型的 34 个数据库上进行了预训练，从而提出了 HUNER 工具。HUNER 首先在一个大型语料库中学习通用的权重参数和特征表达，然后微调这些参数以适应目标任务并学习特定类型数据的具体特征。同样的，也可以迁移现有工具的结果到目标领域。LSTMVoter[3]首先使用现成的 5 个 NER 工具（Stanford Named Entity Recognizer、MarMot、CRF++、MITIE 和 Glample）学习通用的参数表示，然后从这些工具中选出最佳的组合作为预训练的参数表示，最后将学到的参数迁移到目标领域，同样得到较好的效果。但这种方法受现有工具的性能以及组合方式的影响，工具组合不当可能导致最后的识别性能不如 HUNER。

Wang 等人[4]使用标签感知的方法，考虑了邻居标签的相似性，并且通过共享 CRF 层参数的方法迁移不同领域的标签特征。Huang 等人[5]通过改进似然函数充分利用了实体标签信息，使得模型能够适用于多个领域。这两个方法都在标签分类的层面上迁移模型学到的特征参数，使得模型能适用于更多领域。这说明迁移学习的应用领域十分广泛，适用于多类型 NER。

Giorgi 等人[6]使用迁移学习的方法在拥有大量噪声的 SSC 上训练深度神经网络模型参数，然后在质量更高但数据量较少的 GSC 上进行微调，使得模型能够在较少的数据集上取得较高的性能。实验表明，迁移学习对少量标注的数据集十分有效，而大规模语料库反而会恶化其性能。在语料库足够大时，微调在其他数据集上训练的参数始终不如在原始数据集上直接训练模型得到的参数更准确。因此，迁移学习的方法只适用于目标数据集规模较小的情况。从这些方法中可以得知，迁移学习能够给 BioNER 带来许多益处，是近年来研究发展的趋势。

---

① Chen Q, Lee K, Yan S, et al. BioConceptVec: creating and evaluating literature-based biomedical concept embeddings on a large scale[J]. PLoS Computational Biology, 2020, 16(4): e1007617.

② Weber L, Münchmeyer J, Rocktäschel T, et al. HUNER: improving biomedical NER with pretraining[J]. Bioinformatics, 2020, 36(1): 295-302.

③ Hemati W, Mehler A. LSTMVoter: chemical named entity recognition using a conglomerate of sequence labeling tools[J]. Journal of Cheminformatics, 2019, 11(1): 1-7.

④ Wang Z, Qu Y, Chen L, et al. Label-aware double transfer learning for cross-specialty medical named entity recognition[J]. arXiv, 2018, 1804.09021.

⑤ Huang X, Dong L, Boschee E, et al. Learning a unified named entity tagger from multiple partially annotated corpora for efficient adaptation[J]. arXiv, 2019, 1909.11535.

⑥ Giorgi J M, Bader G D. Transfer learning for biomedical named entity recognition with neural networks[J]. Bioinformatics, 2018, 34(23): 4087-4094.

11.3.4　基于混合模型的方法

混合模型是神经网络模型、多任务学习、迁移学习和传统 BioNER 中两种或多种组合而成的模型。与前几类方法不同，混合模型是针对同一任务使用不同的模型，并将这些模型线性结合起来，以提高单一任务的性能，如使用 UniProt 字典帮助蛋白质 BioNEs[①]。常用的方法是将传统的基于规则的 BioNER、基于字典的 BioNER 与现代神经网络的方法结合来提升模型性能。其中，基于字典和 LSTM 混合的方法如图 11.9 所示。在混合模型中，通常使用传统的方法预先处理部分数据，然后使用神经网络模型从预先处理的这部分数据中学习相应的特征，降低假阳性率。

Fries 等人[②]提出了一种弱监督的 BioNER 方法 SWELLSHARK，该方法本质上是字典、启发式规则和神经网络模型的结合。研究人员使用字典、启发式和其他形式的弱监督方法构建了一个 BioNER 标记器框架，代替手工标记数据的过程，然后使用神经网络模型从这些数据中学习实体特征并进行分类，从而找出可能的实体。

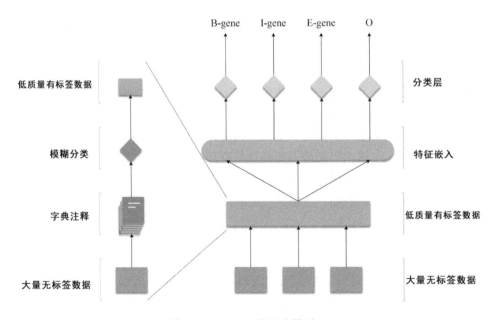

图 11.9　BioNER 的混合模型

为了改善数据稀疏问题导致的基于深度学习的 BioNER 性能不如传统 NER 的情况，

① UniProt Consortium. UniProt: a hub for protein information[J]. Nucleic Acids Research, 2015, 43(D1): D204-D212.

② Fries J, Wu S, Ratner A, et al. Swellshark: A generative model for biomedical named entity recognition without labeled data[J]. arXiv preprint arXiv:1704.06360, 2017.

AutoNER[①]引入了字典来远距离监督神经网络模型。它使用了一种能表示实体内部联系的标签来代替传统标签，即使在标记错误的情况下仍然不丢失实体内的联系，这使得许多低质量数据都能被利用。

　　混合模型使用高质量的字典库作为辅助语料库，与深度学习的方法结合，可以作为一种辅助特征来降低深度学习 BioNER 注释的假阳性率。COVID-19 在最近几年广泛传播，关于 COVID-19 的文献迅速增长，但目前还没有高质量的 COIVD-19 语料库。Wang 等人将 AutoNER 的方法应用到 COVID-19 数据集上并提供了一个基于 COVID-19 文献的命名实体识别数据集——CORD-NER。同样的，Colic 等人也将基于字典的系统与 BioBERT 结合，来提高模型在 COVID-19 领域的准确性。这些研究表明，当出现新的实体时，字典与深度学习结合能有效提升 BioNER 任务性能。

　　总结以上方法，从图 11.10 中可以看出，2017—2018 年使用最多的方法是单一神经网络，但 2018 年之后单一神经网络的使用越来越少；2019—2020 年使用最多的方法是多任务学习；自 2017 年以来，迁移学习的使用也越来越多，这说明多任务学习和迁移学习能够很好地解决 BioNER 问题，并且是未来的可行性研究方向；混合模型主要使用弱监督学习的方法，它适用于标记数据极其稀少的情况。在有一定量数据的情况下，弱监督学习方法的性能始终低于监督学习方法，因此关注度低于其他几个方法。

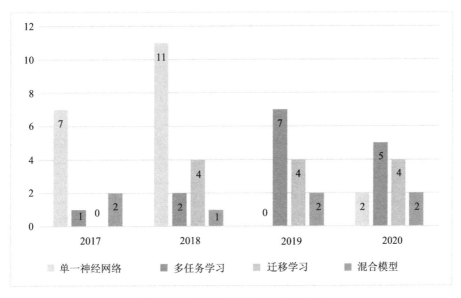

图 11.10　基于深度学习的 BioNER

---

① Shang J, Liu L, Ren X, et al. Learning named entity tagger using domain-specific dictionary[J]. arXiv,2018, 1809.03599.

11.4 　不同方法的比较分析

11.4.1 　数据集

表 11.2 展示了可用于 BioNER 的数据集。其中，GENETAG、BC2GM、CHEMDNER、BC5CDR 等数据集来源于 BioCreative 发布挑战任务时提供的数据集；JNLPBA、GENIA 等数据集来源于 JNLPBA 发布任务时提供的数据集；其他的是针对特定的任务从其他数据集的基础上修改创建的新数据集。数据集是为具体任务服务的，随着不同任务的提出，出现了各式各样的数据集。除了医疗数据集，表中几乎涵盖了 BioNER 所用的所有数据集。

表 11.2 　BioNER 的数据集

数　据　集	实　体　类　型
JNLPBA	DNA, RNA, protein, cel_type, cell_line
GENIA	DNA, RNA, protein, cell_type, cell_line
CRAFT	Protein, chemical, cell, gene, species, biological sequence
Nagel	Protein, species, mutation
BioInfer	Protein
HPRD50	Protein
IEPA	Protein
GENETAG	Gene/protein
BC2GM	Gene/protein
DECA	Gene/protein
FSU-PRGE	Gene/protein
Loctext	Gene/protein
AiMed	Gene/protein
GETM	Gene/protein
CEMP	Gene/protein, chemical
miRNA	Gene/protein, diseases, species
GREC	Gene/protein, species
DDI	Drug
EDGAR	Gene, drug, cell
EntrezGene	Gene
OSIRIS	Gene, variant
SNPcorpus	Variation
CLL	Cell lines
CHEMDNER	Chemical

数　据　集	实　体　类　型
CHEBI	Chemical
BioSemantics	Chemical
SCAI chemical	Chemical
BioNLP 2011	Chemical
BC5CDR	Chemical, disease
SCAI disease	Disease
NCBI Disease	Disease
Arizona disease	Disease
Cancer Genetics	Disease
EBI disease	Disease
LINNAEUS	Species
S800	Species
CellFinder	Anatomical parts, cell, genes/protein, species
AnEM	Anatomy
PennBiolE	Various
Variome	Various
CORD-NER	Various

11.4.2　评价标准与性能比较

目前，命名实体识别的评测标准是自然语言处理常用的精确率（P）、召回率（R）和 F1 值（F1-sorce）。

精确率是指模型能正确识别实体的数量占识别出的实体的总量的比例，即：

$$P=\frac{\text{TP}}{\text{TP}+\text{FP}}$$

其中，TP 表示模型正确识别出实体的数量；FP 表示非实体而被模型预测成实体的数量。

召回率是指模型正确识别出实体的数量占实体实际总量的比例，即：

$$R=\frac{\text{TP}}{\text{TP}+\text{FN}}$$

其中，FN 表示模型未识别出的实体的数量。

一般精确率和召回率是相互矛盾的，即一个高，另一个就低，在应用中需要判断是要高准确率还是要尽量包含全面，当选择算法时需要综合考虑精确率和召回率。领域默认的统一评估方法是 F1-score。当参数为 1 时，最常见的评估度量是：

$$\text{F1}=\frac{2PR}{P+R}$$

F1 整合了 P 和 R 的结果。当 F1 较高时，测试方法有效。因此，本文对实验结果的最终分析是基于对 F1 的分析。

如表 11.3 所示，根据 11.3 节中的分类选择了 4 种模型（GRAM-CNN、Layered-BiLSTM-CRF、MTM-CW 和 BioBERT），对其在 6 个数据集（JNLPBA、BC2GM、NCBI disease、BC5CDR、BC4CHEMD、LINNAEUS）上的性能进行了评估和比较，同时分析了导致这些结果的可能原因与改进后可能得到的结果。除此之外，还选择了 CRF 模型作为传统模型的代表与基于深度学习的 BioNER 方法进行了比较。

表 11.3　4 种代表模型性能比较

数据集	指标	CRF	GRAM-CNN	Layered-BiLSTM-CRF	MTM-CW	BioBERT
JNLPBA	精确率	83.76	69.42	68.30	69.91	70.17
	召回率	64.52	75.11	60.93	75.98	77.78
	F_1-值	72.89	72.15	64.40	72.82	73.78
BC2GM	精确率	85.71	79.17	71.52	77.32	82.17
	召回率	66.43	75.17	65.74	76.58	83.42
	F_1-值	74.85	77.12	68.51	76.95	82.79
NCBI disease	精确率	86.57	81.77	82.22	84.19	84.25
	召回率	65.10	79.06	75.63	83.01	86.79
	F_1-值	74.32	80.39	78.79	83.60	85.50
BC5CDR	精确率	85.35	85.58	85.36	85.11	85.03
	召回率	65.73	85.58	59.18	86.46	88.01
	F_1-值	74.27	85.58	69.90	85.78	86.50
BC4CHEMD	精确率	86.79	87.88	84.91	88.43	89.22
	召回率	66.68	82.35	54.20	86.52	88.89
	F_1-值	75.42	85.02	66.16	87.46	89.05
LINNAEUS	精确率	91.48	96.62	96.03	95.97	95.59
	召回率	68.84	94.08	79.61	86.31	85.53
	F_1-值	78.59	95.33	87.05	90.88	90.28

GRAM-CNN 是第一个使用 CNN 识别 BioNEs 的模型，而且有研究表明，CNN 与 LSTM 抽取特征效果相差不大，因此使用 GRAM-CNN 作为单一神经网络的代表进行对比实验；为了了解嵌套模型在 BioNER 上的性能体现，还使用了 Layered-BiLSTM-CRF 作为单一神经网络模型中的 LSTM 特征提取模型和嵌套模型的代表进行对比试验；MTM-CW 在词嵌入和字符嵌入方法上与 GRAM-CNN 模型一样，除了同时从多个任务中获取实体特征，其他方面几乎与 GRAM-CNN 模型设置相同，可以很好地对比出单一神经网络模型与多任务学习模型之间的性能差别；BioBERT 是近年来预训练模型的代表，因此使用它作为迁移学习的代表来进行比较。混合模型使用的是弱监督的方法，其性能好坏与使用的字典或规则密切相关，因此本文未对混合模型进行对比。

Crichton 等人[①]提供了 15 个不同任务的数据集,每个数据集根据实体所属的类别(如化学、基因等)分为若干小数据集。表 11.3 中实验使用 Crichton 等人提供的所有 NER 数据集的预处理版本,对于每个模型,选择了 6 个未拆分的数据集。数据集被处理成统一的格式,这些数据集包含了多种类型的实体,使用起来非常方便。最后,利用 anaconda 安装与原文要求一样的虚拟环境进行实验。在基准测试期间,所有方法都使用它们默认的设置。

1. 深度学习方法与传统方法的比较结果

对于 CRF 模型,使用 StanfordParse 为每个数据集生成相应的词性特征,然后使用 CRF++ 工具根据这些特征识别相应的实体[②]。

深度学习的 F1 值普遍高于 CRF 模型,但在 JNLPBA 数据集上,CRF 的 F1 值高于 GRAM-CNN。在 JNLPBA 和 NCBI disease 数据集上,CRF 的精确率是最高的。虽然 CRF 精确率较高,但其准确率普遍较低,且精确率和召回率一般相差较大。通过仔细查看 CRF 模型识别的结果发现,CRF 会把实体的修饰词也纳入实体中,如 BioBERT 会准确识别"单侧视网膜母细胞瘤(unilateral retinoblastoma)"为一个疾病 BioNE,而 CRF 认为"单侧孤立性视网膜母细胞瘤(isolated unilateral retinoblastoma)"为一个 BioNE。

2. 在不同数据集上的比较结果

4 个模型在 6 个数据集上都表现良好,但在不同的数据集上仍然存在很大的差异,如在 BC4CHEMD 数据集上的性能始终高于 JNLPBA,在 JNLPBA 和 LINNAEUS 数据集上的表现明显不如其他 4 个数据集。MTM-CW 在 BC5CDR 数据集上的 F1-sorce 最高,其次是 BioBERT;BioBERT 在 BC4CHEMD 数据集上的 F1 最高;这三个模型在 BC5CDR 和 BC4CHEMD 两个数据集上 F1-sorce 相差不大,所以性能相差不大。同时,GRAM-CNN、MTM-CW 和 BioBERT 模型的实验效应在一些数据集上有相同的变化趋势。

深度学习模型的性能与数据集的规模和质量有一定的关联。为了排除数据集规模对模型性能的影响,实验中所有数据集都被裁剪成最小的数据集大小。训练集有 4459 条句子,验证集有 922 条句子,测试集有 939 条句子。当数据集规模减小时,模型性能普遍降低,但在 LINNAEUS 数据集上的性能却有所提升。观察 LINNAEUS 数据集发现,LINNAEUS 数据集有很多形如"0.26*0.24*""(n=4)"的句子,这些句子没有任何实际意义,还会引入噪声干扰模型提取特征。因此对 LINNAEUS 数据集来说,减少数据量的同时还减少了噪声,同时测试的实体数量也减少了很多(由原来的 1433 个 Species NEs 减少到 152 个),使得模型性能有所提升。

把数据集调整成相同大小后,同一个模型在不同的数据集上仍有较大的差异,如 BioBERT 在数据集 BC4CHEMD 上的 F1 值比 BC2GM 高了大约 6%。根据实验结果对这 6 个数据集进行分析发现,JNLPBA 数据集中实体较长(大部分长度大于 4),而且大部分

---

① Crichton G, Pyysalo S, Chiu B, et al. A neural network multi-task learning approach to biomedical named entity recognition[J]. BMC Bioinformatics, 2017, 18(1): 1-14.

② Kudo T. CRF++: Yet another CRF toolkit[J]. http://crfpp. sourceforge. net/, 2005.

实体都包含符号和数字，如"MRL-lpr/lpr and C3H-gld/gld CD4（-）CD8（-）T cells"。GRAM-CNN 在识别的过程中把这个 BioNE 识别成"MRL-lpr/lpr""C3H-gld/gld""CD4（-）CD8（-）T cells"；JNLPBA 数据集中对 BioNEs 的标注不规范，使得模型会混淆实体结构，如"NF-kappa B""NF-kappaB""NF kappa B"；BC2GM 数据集中虽然也有长实体，但数量较少，实体长度普遍为 3～4 个词，而且实体标注规范，因此模型在 BC2GM 上的性能高于 JNLPBA；BC5CDR 和 NCBI disease 中的实体大部分只由 1 个词组成，但 BC5CDR 训练集和测试集存在许多重复的实体；BC4CHEMD 和 LINNAEUS 实体长度也大部分为 1～2 个词，但 BC4CHEMD 中每个词出现的频率很高，如 glucose 在训练集中出现了 385 次，LINNAEUS 实体数量极少，训练数据无法对整个数据的分布进行估计，从而导致模型过拟合，当多个类型的数据集合并在一起时，容易忽略 LINNAEUS 中物种实体的特征。

3. 在相同数据集上的比较结果

BioBERT 是在大规模生物医学文献中预训练过的模型，能从这些文本中预先学习公共的特征，然后迁移到特定任务上，并迅速适应当前任务，从而提高性能。另外，BioBERT 可以对词进行切分来提取特征，因此能够正确识别实体的多种断句结构，如"Wsl-1/APO-3/TRAMP/LARD"和"Wsl-1 / APO-3 / TRAMP / LARD"会被 RAM-CNN 识别为两个不同的实体，而 BioBERT 会根据每个符号对词进行切分，将其识别为同一个实体。

MTM-CW 是一个结合了词嵌入和字符嵌入的多任务学习模型，可以更有效地学习不同任务数据集的特征并相互补充，以提高每个任务的性能。但多任务学习也会带来一定的问题，MTM-CW 将多个领域的数据结合起来，充分地利用了所有的信息，但不同领域的实体数据会存在一定的相似特征，同时学习不同领域的数据会混淆这些特征，使得分类候选实体时存在很大的误差，如将文本中一些单词标记为不存在的实体类型，"nuclear factor kappaB"在 BC2GM 数据集中被标记为基因（gene），而在 JNLPBA 数据集中被标记为蛋白质（protein），MTM-CW 会把它归类为出现次数最多的数据集中相应的类型。

GRAM-CNN 利用 CNN 识别每个单词的局部信息来完成 BioNER。该模型联合了词嵌入、标签嵌入和字符嵌入 3 种特征。词嵌入能够获取词之间的关系；标签嵌入能够考虑句子与单词的语法信息，使得识别更加准确；字符嵌入能够识别新的实体和拼写错误的单词。由于 BioNEs 通常由多个相邻的词组成，而 CNN 模型能够提取单词之间的局部信息，因此在结合了这些特征嵌入后，模型能够有很大的性能提升。但 CNN 只能抽取实体局部特征，会丢失句子的上下文特征，因此难以识别长实体，如将"人类抗药基因（human multidrug resistance (MDR1) gene）"识别成"human multidrug resistance"和"MDR1"。BioNEs 越长、符号越多，CNN 模型就越难准确识别其实体边界。利用 CNN 抽取实体局部信息，利用 LSTM 提取全局信息，将这两个神经网络结合可能会提升性能。除此之外，GRAM-CNN 模型只能识别平铺实体，当实体存在嵌套结构时，模型效果会有所下降，如实体"human multidrug-resistance gene promoter"会被识别成"human multidrug-resistance gene"。

Layered-BiLSTM-CRF 是用于识别嵌套实体的模型，在含有非嵌套实体的数据集上的性能还需要提高。由于实验使用的数据集都只有一层实体，因此 Layered-BiLSTM-CRF 能够在第一个平面实体取得较高的性能，但当模型进入更深的平面 NER 层时，实体数量为 0，性能急剧下降。Layered-BiLSTM-CRF 在 JNLPBA 数据集上的效果比 MTM-CW 和 GRAM-CNN 的好，可能是因为模型识别实体数量最少的 RNA BioNEs 的效果更优，而识别其他类型的 BioNEs 的效果与其他模型的相同，所以使得模型在整个 JNLPBA 数据集上的效果达到最优。Layered-BiLSTM-CRF 模型的性能与实体本身结构有关，实体结构规律性越强，模型性能越好，因此与其他模型相比更适合用于识别具有嵌套结构的命名实体，如具有嵌套结构的 GENIA 数据集。

所有模型都能准确识别出现次数较多、特征明显且长度较短的 BioNEs，如"ICP22"长度较短，是由大写字母和数字组成的且在训练集中出现了 4 次。所有模型都不能完全准确识别有多个别名的 BioNEs，如"p53"有时作为一个单独的实体，有时作为"p53 抑癌基因（p53 tumour suppressor gene）"实体的组成部分，这种情况下，长实体往往不能被识别。

11.5　挑战与展望

在进行 BioNER 时，主要的深度学习方法为使用神经网络模型学习 BioNEs 结构特征、结合多个任务共享模型参数特征、迁移领域知识、结合字典等先验方法，并有实验证明了这些方法在 BioNER 任务中的有效性，但目前仍然存在许多问题需要解决。

1. 制定统一的数据集注释标准

目前相同类型的 BioNER 的数据集很多，如 gene/protein 相关的数据集就有 10 个，但这些数据集之间的标注存在很大差异，如有的专家认为"nuclear factor kappaB"是蛋白质 BioNE，有的专家则认为它是基因 BioNE，还有专家认为它是两个类型混合使用。除了实体类型不统一，还有实体边界不一致问题。例如，JNLPBA 数据集把"IL-6 和 IL-10 特异性中和抗体（IL-6 and IL-10 - specific neutralizing antiboolies）"标注为一个长 BioNE，而有的研究者认为它应该被标记为两个不连续的 BioNE："IL-6 特异性中和抗体（IL-6 specific neutralizing antiboolies）"和"IL-10 特异性中和抗体（IL-10 specific neutralizing antiboolies）"。这些数据注释不一致问题使得模型的准确率大大降低。因此，制定统一的数据集注释标准十分重要。

2. 构建大规模高质量语料库

基于深度学习的 BioNER 方法需要大量的注释训练数据，训练数据的规模和质量与最后的效果密切相关。目前用于 BioNER 的数据集有很多，如 BC4CHEMD、BC5CDR、BC2GM 等，这些数据集具有较大的规模和较高的质量，但在一些类型领域，如突变（mutations）、物种（species）、细胞（cells）等，仍然欠缺一些高质量语料库，相同模型受数据规模的影响，在识别这些领域的实体时性能往往不如在大规模数据集上的性能。许多学者在药物（drugs）、疾病（diseases）、细菌（bacteria）等类型领域提出了新的方法，使模型能在这些小样本数据集上获得高性能。在此基础上，如果提高这些类型领域数据集的质量，那么模型性能还能够提升。因此，构建领域专属高质量语料库是未来的一个研究方向。

3. 探究小样本学习策略

目前主要的 BioNER 方法都集中在有监督的学习策略上，因此忽略了大量的无标签数据，这些无标签数据同样含有丰富的信息。可以考虑使用元学习策略将有标签和无标签数据结合，充分利用，使实验模型不再受样本数量的限制。此外，可以考虑使用句子语法结构和语义关系等信息，根据句子中的结构和上下文推断 BioNEs 可能的类别，减少模型所需样本数量。特别的，可以从无监督学习出发，完全从无标签数据中获取信息训练模型进行 BioNER。

4. 迁移其他领域的知识或方法

BioNER 是近几年才逐渐发展起来的 NER 任务的子领域，其方法与一般领域 NER 相比还不成熟。目前有许多高质量的 NER 工具，如 CoreNLP[①]、OSU Twitter NLP[②]、AllenNLP[③] 都能够在一般领域 NER 上取得很好的效果。

StanfordCoreNLP 提供了一系列用于 NLP 的技术工具。它可以给出公司名、人名及标准化日期、时间和数量等单词的基本形式、词性等；根据短语和句法依存关系标记句子结构，指明哪些名词短语表示相同的实体；指明情感，提取实体及其之间的特定或开放类关系；获取名人名言等。

AllenNLP 是由艾伦人工智能研究所开发的，用以构建用于自然语言处理的深度学习模型的开源库。除了为 NLP 的通用组件和模型提供高级抽象和 API，还提供了可扩展的框架，用以运行和管理 NLP 实验。简而言之，AllenNLP 封装了在 NLP 领域研究中完成的通用数据和模型操作。

除此之外，许多其他领域的深度学习方法也被应用到 NER 领域中并取得了重大突破。在未来的研究中，可以将 NER 工具和方法等与生物医学先验知识结合，在生物医学领域数据集上进行微调，提高 BioNER 的效果。

更多参考文献请扫描下方二维码获取。

① https://stanfordnlp.github.io/CoreNLP.

② https://github.com/aritter/twitter_nlp.

③ https://demo.allennlp.org/.

参 考 文 献

[1] Chen H, Engkvist O, Wang Y, et al. The rise of deep learning in drug discovery[J]. Drug Discovery Today, 2018, 23(6):1241-1250.

[2] Lavecchia A. Deep learning in drug discovery: opportunities, challenges and future prospects[J]. Drug Discovery Today, 2019, 24(10):2017-2032.

[3] Min S, Byunghan L, Sungroh Y. Deep learning in bioinformatics[J]. Briefings in Bioinformatics, 2017(5):851-869.

[4] Jin S, Zeng X, Xia F, et al. Application of deep learning methods in biological networks[J]. Briefings in Bioinformatics, 2020, 22(3):1902-1917.

[5] Tang Y J, Pang Y H, Liu B. IDP-Seq2Seq: Identification of intrinsically disordered regions based on sequence to sequence learning[J]. Bioinformatics, 2020, 36(21):5177-5186.

[6] Liu B, Li C C, Yan K. DeepSVM-fold: protein fold recognition by combining support vector machines and pairwise sequence similarity scores generated by deep learning networks[J]. Briefings in Bioinformatics, 2020, 21(5):1733-1741.

[7] Rutherford K D, Mazandu G K, Mulder N J. A systems-level analysis of drug–target–disease associations for drug repositioning[J]. Briefings in Functional Genomics, 2018, 17(1):34-41.

[8] Wang D, Zhang Z, Jiang Y, et al. DM3Loc: multi-label mRNA subcellular localization prediction and analysis based on multi-head self-attention mechanism[J]. Nucleic Acids Research, 2021, 49(8):e46-e46.

[9] Lv H, Fu-ying D, Guan Z X, et al. Deep-Kcr: accurate detection of lysine crotonylation sites using deep learning method[J]. Briefings in Bioinformatics, 2021, 22(4):bbaa255.

[10] Dao F Y, Lv H, Zhang D, et al. DeepYY1: a deep learning approach to identify YY1-mediated chromatin loops[J]. Briefings in Bioinformatics, 2021, 22(4):bbaa356.

[11] Ding Y, Tang J, Guo F. Identification of drug-side effect association via multiple information integration with centered kernel alignment[J]. Neurocomputing, 2019, 325:211-224.

[12] Scalia G, Grambow C A, Pernici B, et al. Evaluating scalable uncertainty estimation methods for deep learning-based molecular property prediction[J]. Journal of Chemical Information and Modeling, 2020, 60(6):2697-2717.

[13] Walters W P, Barzilay R. Applications of deep learning in molecule generation and molecular property prediction[J]. Accounts of Chemical Research, 2020, 54(2):263-270.

[14] Xiong Z, Wang D, Liu X, et al. Pushing the boundaries of molecular representation for

drug discovery with the graph attention mechanism[J]. Journal of Medicinal Chemistry, 2020, 63(16):8749-8760.

[15] Deng Y, Xu X, Qiu Y, et al. A multimodal deep learning framework for predicting drug-drug interaction events[J]. Bioinformatics, 2020, 36(15):4316-4322.

[16] Yu Y, Huang K, Zhang C, et al. SumGNN: multi-typed drug interaction prediction via efficient knowledge graph summarization[J]. Bioinformatics, 2021, 37(18):2988-2995.

[17] Lin X, Quan Z, Wang Z J, et al. KGNN: knowledge graph neural network for drug-drug interaction prediction[C]. Twenty-Ninth International Joint Conference on Artificial Intelligence and Seventeenth Pacific Rim International Conference on Artificial Intelligence, 2020, 380:2739-2745.

[18] Chen Y, Ma T, Yang X, et al. MUFFIN: multi-scale feature fusion for drug–drug interaction prediction[J]. Bioinformatics, 2021, 37(17):2651-2658.

[19] Zeng X, Zhu S, Hou Y, et al. Network-based prediction of drug–target interactions using an arbitrary-order proximity embedded deep forest[J]. Bioinformatics, 2020, 36(9): 2805-2812.

[20] Öztürk H, Özgür A, Ozkirimli E. DeepDTA: deep drug–target binding affinity prediction[J]. Bioinformatics, 2018, 34(17):i821-i829.

[21] Zeng X, Zhu S, Lu W, et al. Target identification among known drugs by deep learning from heterogeneous networks[J]. Chemical Science, 2020, 11(7):1775-1797.

[22] Wang J, Wang H, Wang X, et al. Predicting drug-target interactions via FM-DNN learning[J]. Current Bioinformatics, 2020, 15(1):68-76.

[23] Ding Y, Tang J, Guo F. Identification of drug–target interactions via dual laplacian regularized least squares with multiple kernel fusion[J]. Knowledge-Based Systems, 2020, 204: 106254.

[24] Cong S, Ding Y, Tang J, et al. An ameliorated prediction of drug–target interactions based on multi-scale discrete wavelet transform and network features[J]. International journal of molecular sciences, 2017, 18(8): 1781.

[25] Liu X, Feng H, Wu J, et al. Persistent spectral hypergraph based machine learning (PSH-ML) for protein-ligand binding affinity prediction[J]. Briefings in Bioinformatics, 2021, 22(5): bbab127.

[26] Zeng X, Song X, Ma T, et al. Repurpose open data to discover therapeutics for COVID-19 using deep learning[J]. Journal of proteome research, 2020, 19(11): 4624-4636.

[27] Zeng X, Zhu S, Liu X, et al. deepDR: a network-based deep learning approach to in silico drug repositioning[J]. Bioinformatics, 2019, 35(24):5191-5198.

[28] Elton D C, Boukouvalas Z, Fuge M D, et al. Deep learning for molecular generation and optimization-a review of the state of the art[J]. Molecular Systems Design & Engineering,

2019, 4(4):828-849.

[29] Krishnan S R, Bung N, Bulusu G, et al. Accelerating de novo drug design against novel proteins using deep learning[J]. Journal of Chemical Information and Modeling, 2021, 61(2): 621-630.

[30] Li Y, Hu J, Wang Y, et al. Deepscaffold: a comprehensive tool for scaffold-based de novo drug discovery using deep learning[J]. Journal of chemical information and modeling, 2019, 60(1): 77-91.

[31] Findling R L, McNamara N K, Stansbrey R J, et al. The relevance of pharmacokinetic studies in designing efficacy trials in juvenile major depression[J]. Journal of Child & Adolescent Psychopharmacology, 2006, 16(1-2): 131-145.

[32] Li P, Wang J, Qiao Y, et al. Learn molecular representations from large-scale unlabeled molecules for drug discovery[J]. arXiv, 2020, 2012.11175.

[33] Hu W, Liu B, Gomes J, et al. Pre-training graph neural networks[J]. arXiv, 2019, 1905.12265, 2019.

[34] Chen T, Kornblith S, Norouzi M, et al. A simple framework for contrastive learning of visual representations[C]. International conference on machine learning. PMLR, 2020: 1597-1607.

[35] He K, Fan H, Wu Y, et al. Momentum contrast for unsupervised visual representation learning[C]. Proceedings of the IEEE/CVF conference on computer vision and pattern recognition, 2020: 9729-9738.

[36] Devlin J, Chang M W, Lee K, et al. Bert: Pre-training of deep bidirectional transformers for language understanding[J]. arXiv, 2018, 1810.04805.

[37] Honda S, Shi S, Ueda H R. Smiles transformer: Pre-trained molecular fingerprint for low data drug discovery[J]. arXiv, 2019, 1911.04738.

[38] Chithrananda S, Grand G, Ramsundar B. ChemBERTa: large-scale self-supervised pretraining for molecular property prediction[J]. arXiv, 2020, 2010.09885.

[39] Maziarka L, Danel T, Mucha S, et al. Molecule attention transformer[J]. arXiv, 2020, 2002.08264.

[40] Rong Y, Bian Y, Xu T, et al. GROVER: Self-supervised Message Passing Transformer on Large-scale Molecular Data[J]. 2020, 33:12559-12571.

[41] Shen W X, Zeng X, Zhu F, et al. Out-of-the-box deep learning prediction of pharmaceutical properties by broadly learned knowledge-based molecular representations[J]. Nature Machine Intelligence, 2021, 3(4):334-343.

[42] David L, Thakkar A, Mercado R, et al. Molecular representations in AI-driven drug discovery: a review and practical guide[J]. Journal of Cheminformatics, 2020, 12(1):1-22.

[43] Zhu X, Goldberg A B. Introduction to semi-supervised learning[J]. Synthesis Lectures on Artificial Intelligence and Machine Learning, 2009, 3(1):1-130.

[44] Jastrzbski S, Leniak D, Czarnecki W M. Learning to SMILE(S)[J]. arxiv, 2016, 1602.06289.

[45] Song B, Li Z, Lin X, et al. Pretraining model for biological sequence data[J].Briefings in functional genomics , 2021, 20(3): 181-195.

[46] Liu B. BioSeq-Analysis: a platform for DNA, RNA and protein sequence analysis based on machine learning approaches[J]. Briefings in Bioinformatics, 2019, 20(4):1280-1294.

[47] Liu B, Gao X, Zhang H. BioSeq-Analysis2.0: an updated platform for analyzing DNA, RNA and protein sequences at sequence level and residue level based on machine learning approaches[J]. Nuclc Acids Research, 2019, (20):e(127)-e(127).

[48] Wei L, Xing P, Shi G, et al. Fast prediction of protein methylation sites using a sequence-based feature selection technique[J]. IEEE/ACM Trans Comput Biol Bioinform, 2017, 16(4):1264-1273.

[49] Zou Q, Lin G, Jiang X, et al. Sequence clustering in bioinformatics: an empirical study[J]. Briefings in bioinformatics, 2020, 21(1): 1-10.

[50] Gururangan S, Marasović A, Swayamdipta S, et al. Don't stop pretraining: adapt language models to domains and tasks[J]. arxiv, 2020, 2004.10964.

[51] Liu Y, Ott M, Goyal N, et al. RoBERTa: a robustly optimized BERT pretraining approach[J]. arxiv, 2019, 1907.11692.